国家示范（骨干）高职院校建筑工程技术重点建设专业成果教材

建筑工程施工组织管理

- 主　编　王　健
- 副主编　李　班　张妮丽　李小玲　张红兵　黄卫勤

武汉大学出版社

图书在版编目(CIP)数据

建筑工程施工组织管理/王健主编.—武汉:武汉大学出版社,2013.6
国家示范(骨干)高职院校建筑工程技术重点建设专业成果教材
ISBN 978-7-307-10573-7

Ⅰ.建… Ⅱ.王… Ⅲ.①建筑工程—工程施工—高等职业教育—教材 ②建筑工程—组织管理—高等职业教育—教材 Ⅳ.TU7

中国版本图书馆 CIP 数据核字(2013)第 044340 号

责任编辑:胡 艳　　责任校对:王 建　　版式设计:马 佳

出版发行:武汉大学出版社　(430072　武昌　珞珈山)
(电子邮件:cbs22@whu.edu.cn　网址:www.wdp.com.cn)
印刷:通山金地印务有限公司
开本:787×1092　1/16　印张:9.75　字数:234 千字　插页:1
版次:2013 年 6 月第 1 版　　2013 年 6 月第 1 次印刷
ISBN 978-7-307-10573-7/TU·122　　定价:24.00 元

版权所有,不得翻印;凡购买我社的图书,如有质量问题,请与当地图书销售部门联系调换。

前　　言

为了满足高等职业技术教育改革和骨干高等职业技术学院建设的需求，针对高等教育培养应用型、适用性人才的特点，特编写本教材。

"建筑施工组织与管理"是建筑工程技术专业的一门主要专业课，主要讲述如何将投入到项目施工中的各种资源合理组织起来，使项目有条不紊地进行，从而实现项目既定的工期、质量和成本目标。通过本课程的学习，学生能够掌握建筑施工现场施工组织管理所必备的基本知识，具备基本的施工组织与管理技能，针对项目教学法的要求，全书共包含六个学习情境，每个学习情境又分为多个任务。结合工程实际，由浅入深地讲述建筑工程流水施工组织方法、建筑工程施工进度网络计划的编制方法和单位工程施工组织设计的编制方法，简要介绍了施工现场管理的基本知识。本书针对本学科实践综合性强、涉及面广的特点，在编写过程中注重理论联系实际，具有系统完整、内容先进适用、可操作性强的特点，便于案例教学、实践教学。另外，本书特别介绍了广联达工程项目管理沙盘教学和实训。

本书既可作为建筑工程技术专业教材，也可供工程造价、建筑工程监理等专业学习参考。

本书编写分工如下：学习情境二、学习情境三、学习情境六由黄冈职业技术学院王健编写；学习情境一由黄冈职业技术学院李小玲编写；学习情境四由黄冈职业技术学院李班编写；学习情境五由黄冈职业技术学院张妮丽编写。

编　者
2013 年 2 月

目 录

学习情境一　施工准备工作 ·· 1
　　任务一　施工调查、施工资料的收集 ·· 1
　　任务二　技术资料准备 ·· 6
　　任务三　资源准备 ·· 10
　　任务四　施工现场准备 ·· 12

学习情境二　建筑工程流水施工组织 ··· 17
　　任务一　框架结构房屋流水施工组织 ·· 17
　　任务二　多层砖混结构房屋流水施工组织 ·· 33
　　任务三　建筑群体流水施工组织 ·· 39

学习情境三　建筑工程网络进度计划 ··· 43
　　任务一　施工进度网络计划的绘制 ·· 43
　　任务二　施工进度网络计划的优化 ·· 57
　　任务三　施工进度网络计划的控制 ·· 63

学习情境四　施工现场管理 ·· 68
　　任务一　施工现场项目经理部的建立 ·· 68
　　任务二　施工现场技术管理 ·· 73
　　任务三　施工现场机械设备、料具管理 ·· 80
　　任务四　施工现场安全生产管理 ·· 85
　　任务五　现场文明施工与环境管理 ·· 90
　　任务六　施工现场主要内业资料管理 ·· 96

学习情境五　单位工程施工组织设计 ··· 107
　　任务一　工程概况的一般写法 ·· 107
　　任务二　施工方案的编制 ·· 113
　　任务三　施工进度计划的编制 ·· 135
　　任务四　施工现场平面布置图的绘制 ·· 142

学习情境六　工程项目管理沙盘实训 ··· 149

参考文献 ·· 152

学习情境一　施工准备工作

任务一　施工调查、施工资料的收集

☞ 学习目的：

1. 了解施工准备工作的意义及作用；
2. 熟悉和掌握施工准备工作的内容；
3. 了解如何做好施工准备工作；
4. 学会收集给排水、供电等资料，收集交通运输资料，收集机械设备与建筑和装饰材料等资料，劳动力和生活条件调查资料。

一、相关知识

（一）施工准备工作概述

施工准备工作是为了保证工程顺利开工和施工活动正常进行而必须事先做好的工作。它是施工程序中的重要环节，存在于开工之前，且贯穿于施工的全过程。

施工准备工作是建筑施工顺利进行的保证。施工的准备工作主要有：技术准备、物资准备、劳动组织准备、施工现场准备和施工场外准备。施工企业与建设单位签订施工合同后，应在调查分析的基础上，拟订施工规划，编制标后施工组织总设计，部署施工力量，安排施工总进度，确定主要工程施工方案，规划整个施工现场，统筹安排，做好全面施工规划。

（二）施工准备工作的意义、分类及内容

1. 施工准备工作的意义

现代的建筑施工生产活动复杂，它不仅要消耗大量材料，使用很多施工机械，还要组织大量施工人员，要处理各种技术问题，协调各种协作关系，涉及面广，情况复杂。施工准备工作是施工企业搞好目标管理、推行技术经济承包的重要前提条件。事实证明，能事先为施工创造一切必要的条件，认真地做好施工准备工作，对于发挥企业优势、合理供应资源、加快施工速度、提高工程质量、降低工程成本、增加经济效益、实现企业现代化管理等具有重要意义，更能保证施工顺利进行。总之，做好施工准备工作，能使建筑施工遵守程序化，降低施工风险，创造工程开工和顺利施工条件，提高企业经济效益。

2. 施工准备工作的分类

按工程项目施工准备工作的范围不同，施工准备工作一般可分为全场性施工准备、单位工程施工条件准备和分部分项工程作业条件准备三种类型。按拟建工程所处的施工阶段不同，施工准备工作一般可分为开工前的施工准备和各施工阶段前的施工准备两种类型。

3. 施工准备工作的内容

施工准备工作的内容一般包括：调查研究，收集资料，技术资料准备，物资准备，施工现场准备，施工人员准备，冬、雨季施工准备等。

（三）如何做好施工准备工作

不仅施工单位要做好施工准备工作，其他有关单位也要做好，施工准备工作应分阶段、有组织、有计划、有步骤地进行，施工准备工作应有严格的保证措施，建立严格的责任制，建立检查制度，实行开工报告和审批制度。

（四）施工准备工作要点

施工准备工作应做好以下几点：

（1）施工与设计结合施工任务合同签订后，施工单位应在总体规划、平面布局、结构造型、构件选择、新材料和新技术采用以及出图等方面与设计单位取得一致意见，以便于以后施工。

（2）室内与室外准备工作的结合。室内准备工作是指各种技术经济资料的编制和汇集；室外准备工作是指施工现场和物资准备。

（3）土建工程与专业工程的结合。土建施工单位在明确施工任务，制订出施工准备工作的初步计划后，应及时通知各有关协作的专业单位，使各协作单位及早做好施工准备工作。

调查研究、收集有关施工资料，是施工准备工作的重要内容之一。尤其是当施工单位进入一个新的城市或地区时，此项工作显得更加重要，它关系到施工单位全局的部署与安排。

（五）调查有关项目的特征与要求

建筑产品生产的地区性又决定了建设地区自然条件、技术经济条件对建设项目的影响和制约。因此，在编制施工组织设计时，应以建设地区自然条件和技术经济条件、工程环境等实况为依据。

在调查工作开始之前，应拟定详细的调查提纲，以便调查研究工作有目的、有计划地进行。调查时，应首先向建设单位、勘察设计单位收集有关计划任务书、工程地址选择报告、初步设计、施工图以及工程概预算等资料；向当地有关部门收集现行的有关规定，该工程的有关文件、协议和类似工程的实践经验资料等；了解各种建筑材料、构件、制品的加工能力和供应情况，交通运输和生活状况，参加施工单位的施工能力和管理状况等。对于缺少的资料应予以补充，对有疑点的资料不仅要进行核实，还要到施工现场进行实地勘测调查。

原始资料调查分析的目的是为编制拟建工程施工组织设计提供全面、系统和科学的依据。原始资料调查包括：施工现场的调查，工程地质、水文的调查，气象资料的调查，周围环境及障碍物的调查，等等。

1. 施工现场的调查

这项调查包括工程的建设规划图、建设地区区域地形图、场地地形图、控制桩与水准基点的位置及现场地形、地貌特征等资料，这些资料一般可作为设计施工平面图的依据。

2. 工程地质、水文的调查

这项调查包括工程钻孔布置图，地质剖面图，地基各项物理力学指标试验报告，地质稳定性资料，暗河及地下水水位变化、流向、流速及流量和水质等资料，这些资料一般可作为选择基础施工方法的依据。

3. 气象资料的调查

这项调查包括全年、各月平均气温，最高与最低气温，－3℃、5℃及0℃以下气温的天数和时间；雨季起止时间，最大及月平均降水量及雷暴时间；主导风向及频率，全年大风的天数及时间等资料，这些资料一般可作为确定冬、雨季施工的依据。

4. 周围环境及障碍物的调查

这项调查包括施工区域现有建筑物、构筑物、沟渠、水井、古墓、防空洞及地下构筑物、文物、树木、电力架空线路、人防工程、地下管线、枯井等资料。

（六）收集给排水、供电等资料

1. 收集当地给排水资料

调查施工现场用水与当地现有水源连接的可能性、供水能力、接管距离、地点、水质及水费等资料，还要调查利用当地排水设施排水的可能性、排水距离、去向等资料。

2. 收集供电资料

调查可供施工使用的电源位置、引入工地的路径和条件，收集可以满足的容量、电压及电费等资料，或建设单位、施工单位自有的发变电设备、供电能力。

3. 收集供热、供气资料

调查冬季施工时附近蒸汽的供应量、接管条件和价格；收集建设单位自有的供热能力以及当地或建设单位可以提供的煤气、压缩空气、氧气的能力等资料。

（七）收集交通运输资料

建筑施工中主要的交通运输方式一般有铁路、公路和航运等。收集这些交通运输资料主要用于施工运输业务，是选择运输方式的依据。这些资料包括材料产地至工地的公路等级、路面构造、路面宽度完成情况，允许最大载重量、途径桥涵等级、允许最大尺寸等，以及邻近铁路专用线、站场昔日货线长度、装载单个货物的最大尺寸、总量的限制，货源、工地至邻近河流和码头渡口的距离情况、渡口的渡船能力等。当有超长、超高、超宽或超重的大型构件、大型超重机械和生产工艺设备需整体运输时，还要调查沿途架空电线、天桥的高度，并与有关部门商议，避免其运输干扰正常交通运输。

（八）收集机械设备与建筑和装饰材料等资料

机械设备是指施工项目的主要工艺设备，建筑材料主要是"三材"，即钢材、木材和水泥。这些资料可向当地有关部门进行调查，主要用做确定材料和设备采购供应计划、加工方式、储存和堆放场地及建造临时设施的依据。一般情况下，应了解"三材"市场行情，掌握地方材料，如砖、砂、灰、石等的供应能力、质量、价格、运费情况，当地构件制作、木材加工、金属结构、钢木门窗、商品混凝土、建筑机械的供应与维修、运输等情况，脚手架、模板和大型工具租赁等能提供的服务项目、能力、价格等条件，装饰材料、特殊灯具、防水及防腐材料等的市场情况。

（九）劳动力和生活条件调查资料

建设地区的社会劳动力和生活条件调查主要是了解当地能提供的劳动力人数、技术水平、来源和生活安排。这些资料可向当地劳动、教育、卫生等部门进行调查，主要用做拟定劳动力安排计划、建立职工生活基地、确定临时设施面积的依据。调查作为施工用的现有房屋设施、社会劳动力、生活服务等情况。

二、任务实施

（一）填写施工准备工作内容

工作任务	相关内容
施工准备工作的意义	
施工准备工作的分类	
施工准备工作的内容	

（二）填写施工准备工作的要点

工作任务	相关内容
内容1	
内容2	
内容3	

（三）填写项目特征与要求

工作任务	相关内容
施工现场的调查	
工程地质、水文的调查	
气象资料的调查	
周围环境及障碍物的调查	

（四）填写施工准备工作需收集的调查资料

工作任务	相关内容
给排水、供电等资料	
交通运输资料	
机械设备与建筑和装饰材料等资料	
劳动力和生活条件调查资料	

三、学习效果评价反馈

（一）学生自评

根据对施工准备的认识，完成下列问题：

(1) 施工准备工作的意义是什么？

(2) 施工准备工作的作用有哪些？

(3) 施工准备工作的内容有哪些？

(4) 如何做好施工准备工作？

(5) 如何收集给排水、供电等资料，收集交通运输资料，机械设备、建筑和装饰材料等资料，劳动力和生活条件调查资料？

（二）学习小组评价

班级：_____ 姓名：_____ 学号：_____

学习内容	分值	评价内容	得分
基础知识	30	施工准备工作的意义；施工准备工作的作用；如何做好施工准备工作；如何收集给排水、供电等资料，收集交通运输资料，收集机械设备、建筑和装饰材料等资料，劳动力和生活条件调查资料	
应会技能	10	能明确施工准备工作的意义	
	20	能理解施工准备工作的作用	
	10	能说明施工准备工作的内容	
	20	会收集给排水、供电等资料，收集交通运输资料，收集机械设备、建筑和装饰材料等资料，劳动力和生活条件调查资料	
学习态度	10		
合计	100		

学习小组组长签字：　　　　　　　　　　　　　　　　　　　　　　　　　年　月　日

（三）任课教师评价

班级：_____ 姓名：_____ 学号：_____

评价内容	分值	简评	得分	教师签字
准备工作情况	20			
课堂表现情况	30			
任务完成质量	30			
团结协作精神	20			
合计	100			
备注			年　月　日	

任务二 技术资料准备

☞ 学习目的：
1. 学会熟悉与审查图纸；
2. 了解施工图纸的阅读步骤；
3. 学会编制施工组织设计；
4. 了解技术、安全交底。

一、相关知识

技术资料的准备即通常所说的室内准备（内业准备），它是施工准备工作的核心，任何技术差错和隐患都可能引起人身安全和质量事故，造成生命财产和经济的巨大损失，因此，必须做好技术资料的准备工作，其主要内容包括：熟悉与审查图纸、编制施工组织设计、编制施工图预算和施工预算。

（一）熟悉与审查图纸

1. 熟悉与审查施工图纸的依据

（1）建设单位和设计单位提供的初步设计、施工图设计、城市规划等资料文件；

（2）对所调查的原始资料进行的分析；

（3）施工验收规范、规程和有关技术规定。

2. 熟悉与审查图纸的目的

（1）保证能够按设计图纸的要求进行施工；

（2）使从事施工和管理的工程技术人员充分了解和掌握设计图纸的设计意图及构造特殊要求；

（3）通过审查，发现图纸中存在的问题和错误，为拟建工程的施工提供一份准确、齐全的设计图纸。

3. 熟悉与审查图纸的内容

熟悉及审查施工图纸时，应抓住以下重点：

（1）基础及地下室部分。核对建筑、结构、设备施工图中关于基础留口、留洞的位置及标高的相互关系是否恰当；排水及下水的去向；变形缝及人防出口的做法；防水体系的做法要求；特殊基础形式的做法等。

（2）主体结构部分。弄清建筑物墙体轴线的布置；梁、柱钢筋交接处的布置是否符合混凝土浇捣的要求；主体结构各层的砖、砂浆、混凝土构件的强度标号有无变化；阳台、雨篷、挑檐的细部做法；楼梯的构造；卫生间的构造；对标准图有无特别说明和规定，等等。

（3）装修部分。弄清地面装修与工程结构施工的关系；变形缝的做法及防水处理的特殊要求；防火、保温、隔热、防尘、高级装修等的类型和技术要求。

4. 熟悉与审查施工图纸的程序

（1）施工图纸的阅读预审阶段。当施工单位收到施工图纸后，应尽快组织技术人员熟悉和预审图纸，对施工图纸的错误和建议按图标写出记录。

一般阅读步骤大致如下：

①先了解是什么类型的房屋建筑以及建筑面积、建设单位、工程名称、设计部门、图纸张数，对这份图纸的建筑内容取得初步的了解。

②按照图纸目录清点各类图纸是否齐全、图纸编号与图名是否符合、图纸所用的标准是什么。

③看设计总说明，了解建筑总体概况、技术要求等，然后按图号顺序看图纸，如先看建筑总平面布置图，了解建筑物的地理位置、高程、朝向以及周围的建筑情况或地貌地形。

④看施工图的方法是：一般先看建筑图（平面图、立面图、剖面图），掌握房屋的长度、宽度、轴线组成和相关的尺寸，再看结构图，还应对照检查图纸有无矛盾，构造上是否能实施施工等。详细了解建筑物的构造，对关键的内容一定要记牢。把轴线尺寸、开间尺寸、层高、主要的梁柱断面尺寸、混凝土强度等级、砂浆强度等级等内容记下来，防止弄错，避免重大问题的发生。

（2）会审施工图纸。主要由建设单位、设计单位和施工单位三方进行施工图纸会审。首先由设计单位进行图纸交底，然后各方提出问题和建议，经过协商形成图纸会审纪要，由建设单位正式行文，参加会议的各单位盖章，可作为与施工图纸具有同等法律效力的技术文件使用。

（3）施工图纸现场签证。在施工过程中，因为材料质量、规格不能满足设计要求或图纸中仍有错误等，应对施工图纸进行现场签证，即在施工现场进行图纸修改和变更设计资料，都要有由设计院正式发出的文字记录或通知。

在学习和审查图纸过程中，对发现的问题应做出标记，做好记录，以便在图纸会审时提出。图纸会审由建设单位或委托监理单位组织，设计、施工单位参加，设计单位进行图纸技术交底后，各方面提出意见，经充分协商后形成图纸会审纪要，由建设单位正式行文，参加会议各单位加盖公章，作为设计图纸的修改文件。对施工过程中提出的一般问题，经设计单位同意，即可办理手续进行修改，涉及技术和经济的较大问题时，则必须经建设单位、监理单位、设计单位和施工单位共同协商，由设计单位修改，向施工单位签发设计变更单，方可有效。

5. 学习和熟悉技术规范、规程及有关技术规定

技术规范、规程是由国家有关部门制定的实践经验的总结，在技术管理上是具有法令性、政策性和严肃性的建设法规。建筑施工中常用的技术规范、规程主要有以下几种：

（1）建筑施工及验收规范；

（2）建筑安装工程质量检验评定标准；

（3）施工操作规程；

（4）设备维护及检修规程；

（5）安全技术规程；

（6）上级部门所颁发的其他技术规范与规定。

各级工程技术人员在接受任务后，一定要结合本工程实际，认真学习和熟悉有关技术规范、规程，为保证优质、安全、按时完成工程任务打下坚实的技术基础。

（二）编制施工组织设计

施工组织设计是指导拟建工程从施工准备到施工完成的组织、技术、经济的综合性技

术文件，它对施工的全过程起指导作用，既要体现基本建设计划和设计的要求，又要符合施工活动的客观规律，对建设项目、单项及单位工程的施工全过程起到部署和安排的作用。

建筑工程预算是反映工程经济效果的技术经济文件，在我国现阶段，它也是确定建筑工程预算造价的法定形式。建筑工程预算按照不同的编制阶段和不同的作用，可以分为设计概算、施工图预算和施工预算三种。

施工图预算是按照施工图确定的工程量、施工组织设计所拟定的施工方法、建筑工程预算定额及其取费标准编制的确定建筑安装工程造价和主要物资需要量的经济文件。

施工预算是根据施工图预算、施工图纸、施工组织设计、施工定额等文件进行编制的，它是企业内部经济核算和班组承包的依据，是企业内部使用的一种预算。

（三）技术、安全交底

技术、安全交底的目的是把拟建工程的设计内容、施工计划、施工技术要点和安全等要求，按分项内容或按阶段向施工队、组交代清楚。

技术、安全交底的时间是在拟建工程开工前或各施工阶段开工前，以保证工程按施工组织设计、安全操作规程和施工规范等要求进行施工。

技术、安全交底的内容有工程施工进度计划、施工组织设计、质量标准、安全措施、降低成本措施等要求；采用新结构、新材料、新工艺、新技术的保证措施；有关图纸设计变更和技术核定等事项。

技术、安全交底的方式有书面形式、口头形式和现场示范形式等。

二、任务实施

任务：某铁路工程技术资料共分为 A、B、C、D、E 五类，A 类是建设管理资料，B 类是勘察设计资料，C 类是施工资料，D 类是监理资料，E 类是竣工验收资料。施工单位项目部主要归档保存 C 类及 E 类部分资料。项目部在建设过程形成的各类安全、技术资料应建档，分目录装在档案盒里，并在封面标注名称，统一存放在项目部档案柜里，由专人管理。

（一）填写项目的技术资料准备

工作任务		相关内容
熟悉与审查图纸	熟悉与审查施工图纸的依据	
	熟悉与审查施工图纸的目的	
	熟悉与审查施工图纸的内容	
	熟悉与审查施工图纸的程序	
	学习和熟悉技术规范、规程及有关技术规定	
编制施工组织设计	编制施工图预算	
	施工预算	
技术、安全交底		
备注		

（二）分组讨论

对项目技术资料准备中出现的问题进行总结，并提出完善意见。

三、学习效果评价反馈

（一）学生自评

根据对施工技术资料准备的认识，完成下列问题：
(1) 熟悉与审查施工图纸的依据是什么？
(2) 熟悉与审查施工图纸的目的是什么？
(3) 熟悉与审查施工图纸的内容是什么？
(4) 如何编制施工组织设计？
(5) 熟悉与审查施工图纸的程序是什么？
(6) 技术、安全交底的内容有哪些？

（二）学习小组评价

班级：_____ 姓名：_____ 学号：_____

学习内容	分值	评价内容	得分
基础知识	30	熟悉与审查施工图纸的依据；熟悉与审查施工图纸的目的；熟悉与审查施工图纸的内容；编制施工组织设计；熟悉与审查施工图纸的程序；技术、安全交底	
应会技能	10	能掌握施工图纸的依据、目的	
	20	能理解施工图纸的内容	
	10	能理解施工组织设计	
	20	熟悉与审查施工图纸的程序	
学习态度	10		
合计	100		
学习小组组长签字：			年　月　日

（三）任课教师评价

班级：_____ 姓名：_____ 学号：_____

评价内容	分值	简评	得分	教师签字
准备工作情况	20			
课堂表现情况	30			
任务完成质量	30			
团结协作精神	20			
合计	100			
备注			年　月　日	

任务三　资源准备

☞ 学习目的：

1. 了解建筑材料的准备内容；
2. 了解预制构件和商品混凝土的准备工作；
3. 了解施工机具的准备工作；
4. 了解模板和脚手架的准备工作。

一、相关知识

建筑材料、构件、制品、机具设备是保证施工顺利进行的物质基础，这些物资准备必须在各阶段开工之前完成。施工物资准备是指施工中必需的劳动手段（施工机械、工具、临时设施）和劳动对象（材料、配件、构件）等的准备，它是一项较为复杂而又细致的工作，一般应考虑以下几方面的内容：

（一）建筑材料的准备

建筑材料的准备主要是根据工料分析，按照施工进度计划的使用要求以及材料储备定额和消耗定额，分别按材料名称、规格、使用时间进行汇总，编制出建筑材料需要量计划。建筑材料的准备包括"三材"、地方材料、装饰材料的准备。准备工作应根据材料的需要量计划组织货源，确定加工、供应地点和供应方式，签订物资供应合同。

（二）预制构件和商品混凝土的准备

工程项目施工中需要大量的预制构件、门窗、金属构件、水泥制品以及卫生洁具等，这些构件、配件必须事先提出订制加工单。对于采用商品混凝土现浇的工程，则先要到生产单位签订供货合同，注明品种、规格、数量、需要时间及进货地点等。

（三）施工机具的准备

应根据施工方案和施工进度确定施工所选定的各种土方机械、混凝土、砂浆搅拌设备、垂直及水平运输机械、吊装机械、动力机具、钢筋加工设备、木工机械、焊接设备、打夯机、抽水设备等的数量和进场时间。需租赁机械时，应提前签约。

（四）模板和脚手架的准备

模板和脚手架是施工现场使用量大、堆放占地面积大的周转材料。模板及其配件规格多、数量大，对堆放场地要求比较高，一定要分规格、型号整齐码放，以便于使用及维修。

二、任务实施

（一）填写施工项目资源准备工作

工作任务	相关内容
建筑材料的准备	
预制构件和商品混凝土的准备	
施工机具的准备	
模板和脚手架的准备	
备注：	年　月　日

（二）分组讨论

分组讨论，对施工项目资源准备工作内容进行完善。

三、学习效果评价反馈

（一）学生自评

根据对施工资源准备的认识完成下列问题：
(1) 建筑材料的准备内容有哪些？
(2) 预制构件和商品混凝土的准备工作有哪些？
(3) 施工机具的准备工作有哪些？
(4) 模板和脚手架的准备工作有哪些？

（二）学习小组评价

班级：_____　姓名：_____　学号：_____

学习内容	分值	评价内容	得分
基础知识	30	建筑材料的准备内容；预制构件和商品混凝土的准备工作；施工机具的准备工作；模板和脚手架的准备工作	
应会技能	10	能明确建筑材料的准备内容	
	20	能明确预制构件和商品混凝土的准备工作	
	10	能说明施工机具的准备工作	
	20	能明确模板和脚手架的准备工作	
学习态度	10		
合计	100		
学习小组组长签字：			年　月　日

（三）任课教师评价

班级：_____ 姓名：_____ 学号：_____

评价内容	分值	简 评	得分	教师签字
准备工作情况	20			
课堂表现情况	30			
任务完成质量	30			
团结协作精神	20			
合计	100			
备注			年　月　日	

任务四　施工现场准备

☞ 学习目的：

1. 了解施工现场准备内容；
2. 掌握施工测量放线前应做好的几项准备工作；
3. 了解搭设临时设施的要求；
4. 了解施工机具安装、调试的要求；
5. 了解建筑材料、构（配）件和制品的储存和堆放要求。

一、相关知识

施工现场的准备即通常所说的室外工作准备，它是为工程创造有利于施工条件的保证，其工作应按施工组织设计的要求进行，主要内容有清除障碍物、"六通一平"、测量放线、搭设临时设施等。

（一）清除障碍物

施工场地内的一切障碍物，无论是地上的或是地下的，都应在开工前清除。这些工作一般由建设单位来完成，但也有委托施工单位来完成的。如果由施工单位来完成这项工作，一定要事先摸清现场情况，尤其是在城市的老区内，由于原有建筑物和构筑物情况复杂，而且往往资料不全，在清除前，需要采取相应的措施，防止发生事故。

对于房屋，一般只要把水源、电源切断后即可进行拆除。若房屋较大、较坚固，则有可能采用爆破的方法，这需要由专业的爆破作业人员来完成，并且必须经有关部门批准。

对于架空电线（电力、通信）、地下电缆（电力、通信），要与电力部门或通信部门联系并办理有关手续后方可拆除。自来水、污水、煤气、热力等管线的拆除，最好由专业公司来完成。

(二)"六通一平"

在工程用地范围内,"六通一平"是指水通、电通、路通、电信通、煤气通、热气通和场地平整。

1. 场地平整

清除障碍物后,即可进行场地平整工作。平整场地工作是根据建筑施工中平面图规定的标高,通过测量,计算出填挖土方工程量,设计土方调配方案,组织人力或机械进行平整工作。如果工程规模较大,选项工作可以分段进行,先进行第一期开征的工程用地范围内的场地平整工作,再依次进行后续的平整工作,为一期工程项目尽早开工创造条件。

2. 水通

施工现场的水通包括给水和排水两个方面。施工用水包括生产生活与消防用水。水通工作应按施工总平面图的规划进行安排。施工给水设施应尽量利用永久性给水线路。临时管线的铺设,既要满足生产用水的需要和使用方便,还要尽量缩短管线长度。

施工现场的排水也十分重要,尤其是在雨季,场地排水不畅,会影响施工和运输的顺利进行,因此要做好排水工作。

3. 电通

电通包括施工生产用电和生活用电两个方面。电通应按施工组织设计要求布设线路和通电设备。电源首先应考虑从国家电力系统或建设单位已有的电源上获得。如供电系统不能满足施工生产、生活用电的需要,则应考虑在现场建立发电系统,以保证施工顺利进行。

4. 路通

施工现场的道路是组织施工物资进场的动脉。为保证施工物资能早日进场,必须按施工总平面图的要求,修好现场永久性道路以及必要的临时性道路。为节省工程费用,应尽可能利用已有的道路。为使施工时不损坏路面和加快修路速度,可以先修路基或在路基上铺面,施工完毕后,再铺永久性路面。

(三)测量放线

测量放线的任务是把图纸上所设计好的建筑物、构筑物及管线等测设到地面上或实物上,并用各种标志表现出来,以作为施工的依据。其工作的进行,一般是在土方开挖之前,在施工场地内设置坐标控制网和高程控制点来实现的。这些网点的设置应视工程范围的大小和控制的精度而定。

在测量放线前,应做好以下几项准备工作:

1. 对测量仪器进行检验和校正

对所用的经纬仪、水准仪、钢尺、水准尺等,应进行校检。

2. 了解设计意图,熟悉施工图纸

通过设计交底,了解工程全貌和设计意图,掌握现场情况和定位条件,主要轴线尺寸的相互关系,地上、地下的标高以及测量精度要求。在熟悉施工图纸过程中,应仔细核对图纸尺寸,对轴线尺寸、标高以及边界尺寸要特别注意。

3. 校核红线桩与水准点

建设单位提供的由城市规划勘测部门给定的建筑红线，在法律上起着标示建筑边界用地的作用。在使用红线桩前要进行校核，施工过程中要保护好桩位，以便将它作为检查建筑物定位的依据。水准点也同样要校测和保护。红线和水准点经校测后，如发现问题，应提请建设单位处理。

4. 制定测量放线方案

根据设计图纸的要求和施工方案，制定切实可行的测量放线方案，主要包括平面控制、标高控制、±0以下施测、±0以上施测、沉降观测和竣工测量等项目。

建筑物定位放线是确定整个工程平面位置的关键环节，施测中必须保证精度，杜绝错误，否则，其后果将难以处理。建筑物定位、放线一般是通过设计图中平面控制轴线来确定建筑物的四廓位置，测定并经自检合格后，提交有关部门和甲方验线，以保证定位的准确性。沿红线建的建筑物放线后，还要由城市规划部门验线，以防止建筑物压红线或超红线，为正常顺利地施工创造条件。

（四）搭设临时设施

在布置安排现场生活和生产用的临时设施时，要遵照相关规定进行规划布置。因此，临时建筑平面图及主要房屋结构图都应报请城市规划、市政、消防、交通、环境保护等有关部门审查批准。

为了施工方便和安全，对于指定的施工用地的边界，应用围栏围挡起来，围挡的形式、材料及高度应符合市容管理的有关规定和要求，在主要入口处应设明标牌，标明工程名称、施工单位、工地负责人等。各种生产、生活用的临时设施，包括各种仓库、混凝土搅拌站、预制构件场、机修站、各种生产作业棚、办公用房、宿舍、食堂、文化生活设施等，均应按已批准的施工组织设计规定的数量、标准、面积、位置等要求组织修建，大、中型工程可分批分期修建。

此外，在考虑施工现场临时设施的搭设时，应尽量利用原有建筑物，尽可能减少临时设施的数量，以便节约用地、节省投资。

（五）安装、调试施工机具

按照施工机具需要量的计划，组织施工机具进场，根据施工总平面图，将施工机具安置在规定的地点或仓库。对于固定的机具，要进行就位、搭棚、接电源、保养和调试等工作。所有施工机具在开工之前都必须进行检查和试运转。

（六）建筑材料、构（配）件和制品的储存和堆放

建筑材料、构（配）件和制品根据需要量计划组织进场，根据施工总平面图规定的地点和指定的方式进行储存和堆放。

（七）做好冬、雨季施工的安排

按照施工组织设计的要求，落实冬、雨季施工的临时设施和技术措施。

（八）进行新技术项目的试制和试验

按照设计图纸和施工组织设计的要求，认真进行新技术项目的试制和试验。

（九）设置消防、保安设施

按照施工组织设计的要求，根据施工总平面图的布置，建立消防、保安等组织机构和有关的规章制度，设置安排好消防、保安等设施。

二、任务实施

（一）编制项目施工准备计划表

序号	项目	内容简介	负责单位	负责人	时间
一	技术准备	1. 图纸复核、会审	工程项目部		
		2. 调查自然环境及技术经济条件			
		3. 编制单位工程组织			
		4. 组织班组长进行构造设计			
		5. 编制作业指导书			
		6. 编制材料使用节约方案			
二	人力准备	1. 确定专业班组组合，签订质量达标合同和工期要求	经理办公室		
		2. 组织进场（按劳动力需要量和进场时间提前三天安排）			
		3. 建立落实项目班子岗位责任制			
三	物资准备	1. 拟定材料计划，进行市场调查	材料部		
		2. 半成品及预制构件加工	加工厂		
		3. 按照机具计划表落实、检查机具设备	材料部		
四	现场准备	1. 测量放线	项目部木工组		
		2. 搭设临时设施			
		3. 搭设脚手架			
		4. 工地看守及办公用房确定			
		5. 安全文明设施			
五	准备工作验收	1. 材料计划检查	总工办		
		2. 安全工作检查			
		3. 消防手续检查			
		4. 开工手续检查			
		5. 班组合同检查			
		6. 规章制度检查			
		7. 临时设施检查			

（二）分组讨论

根据施工工地的现状，分组讨论还需进行哪些施工现场准备。

三、学习效果评价反馈

（一）学生自评

根据对施工现场准备的认识，完成下列问题：

(1) 施工现场准备内容有哪些？
(2) 掌握施工测量放线前，应做好哪几项准备工作？
(3) 设施搭设临时的要求有哪些？
(4) 施工机具安装、调试要求有哪些？
(5) 建筑材料、构（配）件和制品的储存和堆放要求有哪些？
(6) 冬、雨季施工有什么安排？
(7) 消防、保安设施要求有哪些？

（二）学习小组评价

班级：_____ 姓名：_____ 学号：_____

学习内容	分值	评价内容	得分
基础知识	30	施工现场准备内容；施工测量放线前应做好的几项准备工作；搭设临时设施的要求；施工机具安装、调试要求；建筑材料、构（配）件和制品的储存和堆放要求；冬、雨季施工安排；消防、保安设施要求	
应会技能	10	能明确施工现场准备内容	
	20	能了解施工测量放线前应做好的几项准备工作	
	10	能说明建筑材料、构（配）件和制品的储存和堆放要求	
	20	会编制项目施工准备计划表	
学习态度	10		
合计	100		

学习小组组长签字： 年 月 日

（三）任课教师评价

班级：_____ 姓名：_____ 学号：_____

评价内容	分值	简评	得分	教师签字
准备工作情况	20			
课堂表现情况	30			
任务完成质量	30			
团结协作精神	20			
合计	100			
备注			年 月 日	

学习情境二　建筑工程流水施工组织

任务一　框架结构房屋流水施工组织

☞ 学习目标：

1. 了解施工进度计划编制的原则、依据、作用；
2. 知道施工进度计划的表示方法；
3. 分析流水作业的组织形式及流水施工的主要参数；
4. 知道施工进度横线图的常用格式及特点；
5. 根据流水施工的主要参数规范确定流水施工的类型及总工期；
6. 正确完成施工项目施工次序的确定及流水作业的作图；
7. 正确完成框架结构横线式施工进度图的编制。

一、相关知识

（一）流水施工概述

1. 组织施工的方式

任何一个建筑工程都是由许多施工过程组成的，而每一个施工过程又是由一个或多个施工队来进行施工的，如何组织各施工队的先后顺序或平行搭接施工是组织施工中的基本问题。通常，组织施工有三种方式：依次施工、平行施工、流水施工。

（1）依次施工。依次施工也称为顺序施工，是指各施工段或施工过程依次开工、依次完成的施工组织方式。下面以一个实例来进行说明：有四栋基础一样的房屋，基础部分都包括基槽挖土、混凝土垫层、钢筋混凝土基础、基槽回填土四个施工过程。将这四栋房屋的基础工程组织依次施工，其施工进度安排如图2-1和图2-2所示。

（2）平行施工。平行施工是指全部工程任务的各施工段同时开工、同时完成的施工组织方式。如果将上述例子中四栋房屋的基础工程组织平行施工，则其施工进度安排如图2-3所示。

（3）流水施工。流水施工是指所有的施工过程按一定的时间间隔依次投入施工，各个施工过程陆续开工、陆续完工，使同一施工过程的施工班组保持连续、均衡施工，不同施工过程尽可能平行搭接施工的组织方式。如果将上述例子中四栋房屋的基础工程组织流水施工，则其施工进度安排如图2-4所示。

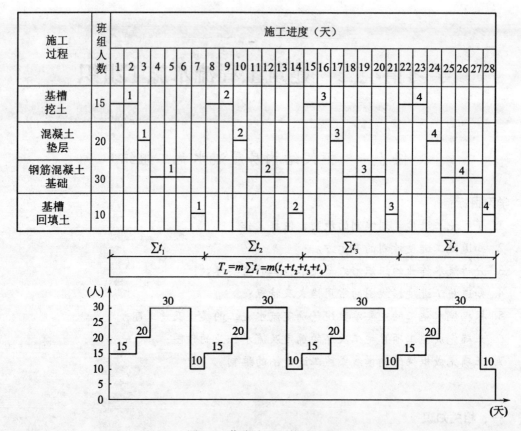

图 2-1 依次施工（按施工段）

由图 2-4 可以看出，流水施工兼顾了依次施工和平行施工的优点，克服了二者的缺点。用流水施工的方法组织施工生产时，工期较依次施工短，投入的劳动力和各种资源较平行施工均匀，且施工班组能连续生产。因此，采用流水施工方式组织施工可以带来较好的技术经济效益，主要表现在以下几点：

①施工具有连续性、均衡性，劳动力和各种资源供应处于相对平稳状态，可充分发挥施工管理水平，降低工程成本。

②按专业工种建立劳动组织，实现生产专业化，有利于劳动生产率的不断提高。

③科学地安排施工进度，使各施工过程在保证连续施工的条件下，最大限度地实现搭接施工，从而减少了因组织不善而造成的停工、窝工损失，合理地利用了施工的时间和空间，有效地缩短了施工工期。

2. 组织流水施工的条件

（1）划分施工段；

（2）划分施工过程；

（3）每个施工过程组织独立的施工班组；

（4）主要施工过程必须连续、均衡地进行；

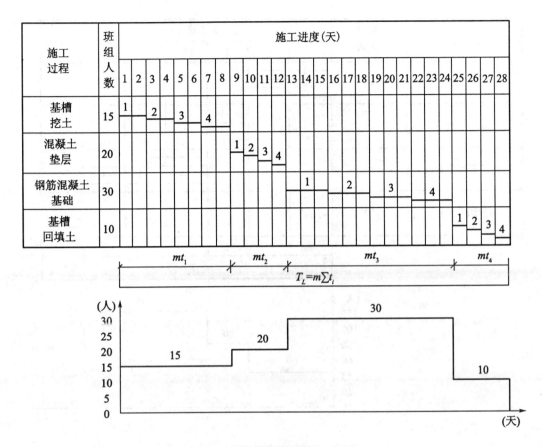

图 2-2 依次施工（按施工过程）

（5）不同的施工过程尽可能组织平行搭接施工。

3. 流水施工的分类

（1）按工程对象范围分，流水施工可以分为分项工程流水施工、分部工程流水施工、单位工程流水施工、建筑群流水施工。

（2）按流水节拍的特征分，流水施工可分为有节奏流水施工和无节奏流水施工，有节奏流水施工又可分为等节奏流水施工和异节奏流水施工。

（二）流水施工参数及组织方式

1. 流水施工参数

（1）工艺参数。主要有以下几项：

①施工过程数。确定施工过程数时，应该考虑以下几个方面的影响：

a. 施工进度计划的性质和作用；

b. 施工方案及工程结构；

c. 劳动组织及劳动量大小；

d. 劳动内容和范围。

②流水强度。机械施工过程的流水强度为

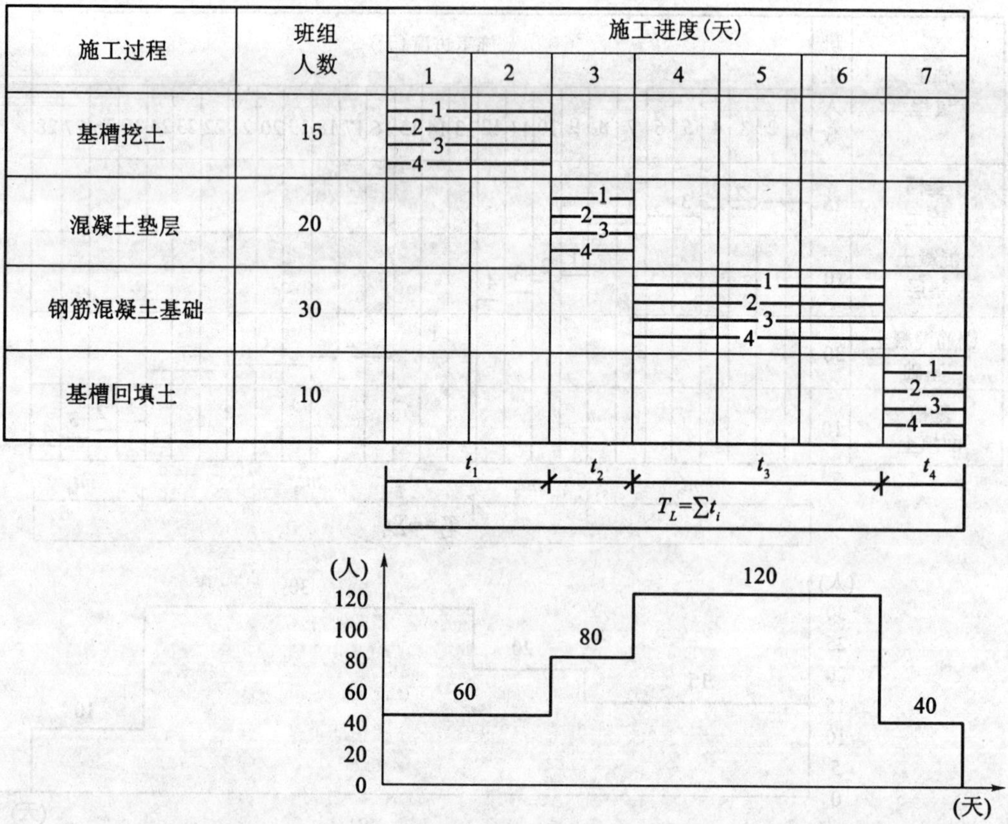

施工过程	班组人数	施工进度(天)						
		1	2	3	4	5	6	7
基槽挖土	15	① ② ③ ④						
混凝土垫层	20			① ② ③ ④				
钢筋混凝土基础	30				① ② ③ ④			
基槽回填土	10							① ② ③ ④

$T_L = \sum t_i$

图 2-3 平行施工

$$V_i = \sum_{i=1}^{x} R_i S_i$$

式中，V_i——某施工过程 i 的机械操作流水强度；

R_i——投入施工过程 i 的某种施工机械台数；

S_i——投入施工过程 i 的某种施工机械产量定额；

x——投入施工过程 i 的施工机械种类数。

手工操作过程的流水强度为

$$V_i = R_i S_i$$

式中，V_i——某施工过程 i 的人工操作流水强度；

R_i——投入施工过程 i 的施工班组人数；

S_i——投入施工过程 i 的施工班组平均产量定额。

(2) 时间参数。主要有以下几项：

①流水节拍。流水节拍是指从事某一施工过程的施工班组在一个施工段上的作业时间，用符号 t_i 表示（$i=1, 2, \cdots$）。

流水节拍的大小直接关系到投入劳动力、机械和材料量的多少，决定施工速度和施工的节奏性，因此，流水节拍的确定很重要。确定流水节拍的方法一般有定额计算法、经验

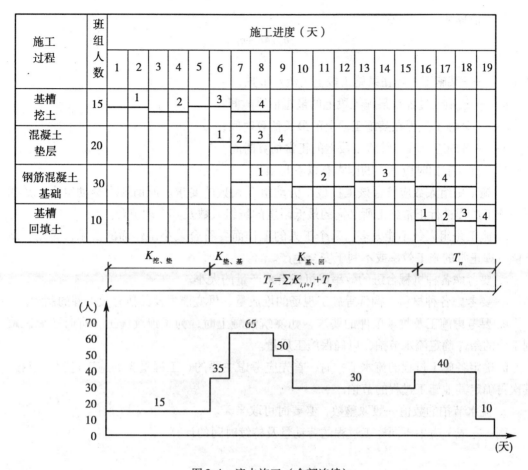

图2-4 流水施工(全部连续)

估算法等。

定额计算法：

$$t_i = \frac{Q_i \times H_i}{R_i \times b}$$

$$t_i = \frac{Q_i}{S_i \times R_i \times b} = \frac{P_i}{R_i \times b}$$

式中，t_i——某施工过程的流水节拍；

Q_i——某施工过程在某施工段上的工程量；

S_i——某施工过程的人工或机械的产量定额；

R_i——某施工过程的施工班组人数或机械台数；

P_i——某施工过程在某施工段上的劳动量或机械台班量；

H_i——某施工过程的人工或机械的时间定额；

b——某施工过程的每天工作班次，宜采用一班制，若工期较紧时，可采用二班制或三班制。

经验估算法：

$$t_i = \frac{a_i + 4c_i + b_i}{6}$$

式中，t_i——某施工过程在某施工段上的流水节拍；

a_i——某施工过程在某施工段上的最短估算时间；

b_i——某施工过程在某施工段上的最长估算时间；

c_i——某施工过程在某施工段上的正常估算时间。

确定流水节拍时应考虑的因素有以下几项：

a. 施工班组人数应符合该工程最小劳动组合人数的要求。所谓最小劳动组合，是指某一施工过程进行正常施工所必需的最低限度的班组人数及其合理组合。

b. 施工班组人数不能太多，每个工人的工作面要符合最小工作面的要求，否则，就不能发挥正常的施工效率或不利于安全生产。

c. 要考虑各种机械台班的效率或机械台班产量的大小。

d. 要考虑各种材料、构件等施工现场的堆放量、供应能力及其他有关条件的制约。

e. 要考虑施工及技术条件的要求，如浇筑混凝土时，为了连续施工，有时按照三班制工作的条件确定流水节拍，以确保施工质量。

f. 确定各施工过程的流水节拍时，首先应考虑主要的、工程量大的施工过程的节拍，其次再确定其他施工过程的节拍。

g. 流水节拍的数值一般取整数，必要时可取半天。

例：完成下表中不同施工过程的劳动量及持续时间的计算。

某建筑物基础工程量及产量定额

施工过程	工程量 Q（m^3）	产量定额 H（m^3/工日）	劳动量 P（工日）	人数 R	持续时间 D（天）
基槽挖土	240	3.03		20	
混凝土垫层	34	1.43		6	
砌基础	124	0.92		34	
回填土	84	5.26		4	

②流水步距。确定流水步距的基本要求是：保证主要施工班组连续施工；保证每个施工段正常作业程序；满足最大限度搭接的要求；满足技术、组织间歇的要求。

③流水工期。流水工期是指完成一项工程任务或一个流水组施工所需的全部工作时间，用 T_L 表示，可按下式计算：

$$T_L = \sum K_{i,i+1} + T_n$$

式中，$\sum K_{i,i+1}$——流水施工中各流水步距之和；

T_n——流水施工中最后一个施工过程的持续时间，$T_n = mt_n$，t_n 是流水施工中最后一个施工过程的流水节拍。

（3）空间参数。主要有以下几项：

①工作面。工作面是指某施工班组的工人在从事建筑产品生产过程中所必备的活动空间，通常用 a 表示。工作面的大小是根据相应工种单位时间内的产量定额、施工操作规程和安全规程等要求确定的。工作面确定得合理与否，直接影响施工班组的劳动生产率。主要工种工作面参考数据见下表。

主要工种工作面参考数据

工作项目	每个技工的工作面	说明
砖基础	7.6m/人	以 $1\frac{1}{2}$ 计，2 砖乘以 0.8，3 砖乘以 0.55
砌砖墙	8.5m/人	以 1 砖计，$1\frac{1}{2}$ 砖乘以 0.71，2 砖乘以 0.57
混凝土柱，墙基础	8m²/人	机拌、机捣
混凝土设备基础	7m²/人	机拌、机捣
现浇钢筋混凝土柱	2.45m²/人	机拌、机捣
现浇钢筋混凝土梁	3.20m²/人	机拌、机捣
现浇钢筋混凝土墙	5m²/人	机拌、机捣

②施工段划分的基本要求如下：

a. 施工段的数目要合理；

b. 以主导施工过程为依据进行划分；

c. 要有利于结构的整体性；

d. 施工段的劳动量（或工程量）要大致相等（相差宜在15%以内），以保证各施工班组连续、均衡地施工；

e. 当组织流水施工的工程对象有层间关系时，应使各施工班组能够连续施工。

2. 流水施工的组织方式

（1）等节奏流水施工。分为无间歇全等节拍流水施工、有间歇全等节拍流水施工、等节奏流水施工三种组织方式。

①无间歇全等节拍流水施工。其特点如下：

a. 各施工过程的流水节拍都彼此相等，即 $t_1 = t_2 = t_3 = \cdots = t_n =$ 常数；

b. 所有流水步距彼此相等，而且等于流水节拍，即 $K_{2,2} = K_{2,3} = \cdots = K_{i,i+1} = t_i$；

c. 不存在技术和组织间歇，也不存在工艺搭接，即 $t_j = t_a = 0$；

d. 各施工班组在各施工段上能够连续作业；

e. 施工班组数目等于施工过程数目。

无间歇全等节拍流水施工主要参数的确定方法如下：

流水步距的确定：

$$K_{i,i+1} = t_i$$

式中，t_i——第 i 个施工过程的流水节拍；

$K_{i,i+1}$——第 i 个施工过程和第 $i+1$ 个施工过程之间的流水步距。

b. 流水工期的计算。因为 $K_{i,i+1}=t_i$，$\sum K_{i,i+1}=(n-1)t_i$，$T_n=mt_i$ 所以

$$T_L=\sum K_{i,i+1}+T_n=(n-1)t_i+mt_i$$

即

$$T_L=(m+n-1)t_i$$

② 有间歇全等节拍流水施工的特点如下：

a. 各施工过程的流水节拍全部相等，即 $t_1=t_2=t_3=\cdots=t_n=$ 常数；

b. 各施工过程之间的流水步距不一定相等，因为有技术或组织间歇时间；

c. 各施工班组在各施工段上能够连续作业；

d. 施工班组数目等于施工过程数目。

有间歇全等节拍流水施工主要参数的确定方法如下：

流水步距的确定：

$$K_{i,i+1}=t_i+t_j-t_d$$

式中，t_j——第 i 个施工过程和第 $i+1$ 个施工过程之间的间歇时间；

t_d——第 i 个施工过程和第 $i+1$ 个施工过程之间的搭接时间。

流水工期的计算：

$$T_L=(m+n-1)t_i+\sum t_j-\sum t_d$$

③ 等节奏流水施工。首先，把工程对象划分为若干个施工过程，应将劳动量小的施工过程合并到相邻施工过程中去，以使各施工过程的劳动量均衡；然后，确定主要施工过程的施工班组人数，计算其流水节拍；最后，根据已确定的流水节拍，确定其他施工过程的施工班组人数及其组成。

等节奏流水施工一般适用于分部工程流水（专业流水），不适用于单位工程，特别是大型建筑群。

(2) 异节奏流水施工。异节奏流水施工是指同一施工过程在各个施工段上的流水节拍相等，不同施工过程之间的流水节拍不完全相等的一种流水方式。异节奏流水施工可分为成倍节拍流水施工和不等节拍流水施工两种。

① 成倍节拍流水施工。其特点如下：

a. 同一施工过程的流水节拍彼此相等，不同施工过程流水节拍存在整数倍或为公约数关系；

b. 流水步距彼此相等且等于流水节拍的最大公约数；

c. 各施工班组在各施工段上能够连续作业，施工段没有空闲；

d. 施工班组数目大于施工过程数目。

成倍节拍流水施工主要参数的确定方法如下：

流水步距的确定：流水步距等于流水节拍的最大公约数，即

$$K_{i,i+1}=K_0$$

对于成倍节拍流水，任何两个相邻施工班组间的流水步距均等于所有流水节拍中的最小流水节拍，即

$$K_{i,i+1} = K_0 = t_{\min}$$

各施工过程施工班组数的确定:每个施工过程的施工班组数等于本施工过程流水节拍与其最大公约数的比值,即

$$D_i = t_i / K_0$$

式中,D_i——某施工过程所需施工班组数;

K_0——流水节拍的最大公约数。

流水工期的确定:

$$T_L = \sum K_{i,i+1} + T_n = (m + n' - 1)K_0 = (m + n' - 1)t_{\min}$$

式中,n'——施工班组总数目,$n' = \sum D_i$。

②不等节拍流水施工。其特点如下:

a. 同一施工过程流水节拍相等,不同施工过程的流水节拍不一定相等;

b. 各个施工过程之间的流水步距不一定相等;

c. 各施工班组在各施工段上能够连续作业,但施工段可能有空闲;

d. 施工班组数目等于施工过程数目。

不等节拍流水施工主要参数的确定方法如下:

流水步距的确定:

$$K_{i,i+1} = t_i + t_j - t_d \ (当 t_i \leq t_{i+1} 时)$$
$$K_{i,i+1} = mt_i - (m-1)t_{i+1} + t_j - t_d \ (当 t_i > t_{i+1} 时)$$

式中,t_j——第 i 个施工过程的流水节拍;

t_{j+1}——第 $i+1$ 个施工过程的流水节拍。

流水工期的计算:

$$T_L = \sum K_{i,i+1} + T_n = \sum K_{i,i+1} + mt_n$$

(3)无节奏流水施工。在组织流水施工时,施工过程在各个施工段上的流水节拍不相等,各个施工过程之间的流水步距彼此不相等,这样组织的流水施工方式称为无节奏流水施工,是建筑工程流水施工的普遍方式。

①无节奏流水施工的特点如下:

a. 每个施工过程在各个施工段上的流水节拍都不尽相等;

b. 在多数情况下,流水步距彼此不相等,而且流水步距与流水节拍之间存在着某种函数关系;

c. 各施工班组都能连续施工,个别施工段可能有空闲;

d. 施工班组与施工过程数相等。

②无节奏流水施工主要参数的确定。

流水步距的确定:无节奏流水步距的计算通常采用累加数列法,即"累加数列错位相减取大差",按以下步骤进行:

第一步,累加数列,即将每个施工过程的流水节拍逐段累加,求出累加数列;

第二步,错位相减,即根据施工顺序对所求相邻的两累加数列错位相减;

第三步,取大差,即在错位相减的结果中取最大值作为流水步距。

流水工期的计算:

$$T_L = \sum K_{i,i+1} + T_n$$

③无节奏流水施工方式的组织。各施工班组连续作业，施工班组之间在一个施工段内互不干扰（不超前，但可能滞后），或做到前后施工班组之间的工作紧紧衔接。因此，组织无节奏流水的关键是正确计算流水步距。组织无节奏流水施工的基本要求与组织异节拍流水施工相同，即保证各施工过程工艺顺序合理和各施工班组尽可能依次在各施工段上连续施工。

④无节奏流水施工方式的适用范围。无节奏流水施工不像有节奏流水施工那样有一定的时间规律约束，在进度安排上比较灵活、自由，因此，它适用于各种分部工程、单位工程及大型建筑群的流水施工组织，是流水施工中应用较多的一种方式。

二、任务实施

（一）工程概况

某四层教学楼，建筑面积为1560m²，基础为钢筋混凝土条形基础，主体工程为现浇框架结构。装饰工程为铝合金窗、胶合板门，外墙用白色外墙砖贴面，内墙为中级抹灰，外加仿瓷涂料。屋面工程为现浇细石混凝土屋面板，防水层贴三毡四油，外框架空隔热层。

（二）劳动量

序号	分项名称	劳动量（工日）
	基础工程	
1	基槽挖土	200
2	混凝土垫层	16
3	基础扎筋	48
4	基础混凝土	100
5	素混凝土墙基础	60
6	回填土	64
	主体工程	
7	脚手架	112
8	柱筋	80
9	柱梁模板（含梯）	960
10	柱混凝土	320
11	梁板筋（含梯）	320
12	梁板混凝土（含梯）	720
13	拆模	160
14	砌墙（含门窗框）	720
	屋面工程	
15	屋面防水层	56
16	屋面隔热层	36

续表

序号	分项名称	劳动量（工日）
	装饰工程	
17	楼地面及楼梯水泥砂	480
18	天棚墙面中级抹灰	640
19	天棚墙面106涂料	46
20	铝合金窗	80
21	胶合板门	48
22	外墙面砖	450
23	油漆	45
24	室外工程	
25	卫生设备安装	
26	电气设备安装	

（三）施工工期安排

本工程由基础工程、主体工程、屋面分部、内装修、水电分部组成，因其各分部的劳动量差异较大，应采用分别流水施工，即先分别组织各分部的流水施工，然后再考虑分部之间的相互搭接施工，具体情况如下：

1. 基础工程

基础工程包括基槽挖土、浇筑混凝土垫层、绑扎基槽钢筋、浇筑基础混凝土、浇筑素混凝土墙基、回填土等施工过程。考虑到基础混凝土垫层的劳动量较小，可与基槽挖土合并为一个施工工程，又考虑到基础混凝土与素混凝土墙基是一个工种，故班组施工可合并为一个施工过程。

基础工程经过合并，共有四个施工过程（$n=4$），组织全等节拍流水。由于占地 $400m^2$ 左右，考虑到工作面的因素，将其划分为两个施工段（$m=2$），流水节拍和流水施工工期计算如下：

基槽挖土和垫层的劳动量之和为216工日，施工班组人数为27人，采用一班制，其流水节拍计算如下：

$$t_{挖、垫}=\frac{200+16}{27\times 2}=4（天）$$

基础绑扎钢筋劳动量为48工日，施工班组人数为6人，采用一班制，其流水节拍计算如下：

$$t_{扎筋}=\frac{48}{6\times 2}=4（天）$$

基础混凝土和素混凝土墙基劳动量为160工日，施工班组人数为20人，采用一班制，基础混凝土完成后需要一天，其流水节拍计算如下：

$$t_{混凝土}=\frac{100+60}{20\times 2}=4\text{（天）}$$

基础回填土劳动量为64工日，施工班组人数为8人，采用一班制，混凝土墙基完成后间歇一天回填，其流水节拍计算如下：

$$t_{回}=\frac{64}{8\times 2}=4\text{（天）}$$

综上，工期计算如下：

$$T_t=(2+4-1)\times 4+2=22\text{（天）}$$

2. 主体工程

主体工程包括绑扎立柱钢筋，安装柱、梁、板、楼梯木模板，浇筑柱混凝土，绑扎梁、板、楼梯钢筋，浇筑梁、板、楼梯混凝土，拆木模板，砌空心砖墙等分项工程。

主体工程由于有层间关系，$m=2$，$n=6$，$m<n$，工作班组会出现窝工现象。但本工程只要求模板工程施工组一定要连续施工，其余施工过程的施工组与其他的工程同意考虑调度安排。

根据上述条件，主体工程施工过程数目较多，又有层间关系，只能组织间断的异节拍流水施工，其流水节拍、流水步距、施工工期计算如下：

绑扎立柱钢筋的劳动量为80工日，施工班组人数为10人，施工段数$m=2\times 4$，采用一班制，其流水节拍计算如下：

$$t_{柱筋}=\frac{80}{10\times 2\times 4}=1\text{（天）}$$

安装柱、梁、板模板的劳动量为960工日，施工班组人数为20人，施工段数$m=2\times 4$，采用一班制，其流水节拍计算如下：

$$t_{安模}=\frac{960}{20\times 2\times 4}=6\text{（天）}$$

浇筑混凝土的劳动量为320工日，施工班组人数为20人，施工段数$m=2\times 4$，采用二班制，其流水节拍计算如下：

$$t_{混凝土}=\frac{320}{20\times 2\times 4\times 2}=1\text{（天）}$$

绑扎梁、板钢筋的劳动量为320工日，施工班组人数为20人，施工段数$m=2\times 4$，采用一班制，其流水节拍计算如下：

$$t_{梁、板、钢筋}=\frac{320}{20\times 2\times 4}=2\text{（天）}$$

浇筑梁、板混凝土的劳动量为720工日，施工班组人数为30人，施工段数$m=2\times 4$，采用三班制，其流水节拍计算如下：

$$t_{梁、板混凝土}=\frac{720}{30\times 2\times 4\times 3}=1\text{（天）}$$

实际中，拆柱模可比拆梁模提前，但计划安排上为一个施工过程，即待梁板混凝土浇筑11天再拆模板。

拆除柱、梁、板模板的劳动量为160工日，施工班组人数为10人，施工段数$m=2\times4$，采用一班制，其流水节拍计算如下：

$$t_{拆模}=\frac{160}{10\times2\times4}=2（天）$$

砌空心砖墙的劳动量为720工日，施工班组人数为30人，施工段数$m=2\times4$，采用一班制，其流水节拍计算如下：

$$t_{砌墙}=\frac{720}{30\times2\times4}=3（天）$$

由于主体只有安装柱、梁、板模板，采用连续施工，其余工序均采用间断式流水施工，故必须采用分析计算方法，即8段（每层2段）梁板模板的安装时间之和加上其他工序的流水节拍再加上养护间歇时间，即可求得主体阶段施工工期，即

$$t_{主体}=8\times t_{模}+t_{柱筋}+t_{柱混凝土}+t_{梁板筋}+t_{梁板混凝土}+t_{养护}+t_{拆模}+2\times t_{砌墙}$$
$$=8\times6+1+1+2+1+12+2+2\times3=73（天）$$

上式中的"2"为最后一层墙连续砌筑。

3. 屋面工程

屋面工程包括屋面防水层和隔热层，考虑到屋面防水要求高，所以不分段施工，而采用一次施工方式。

屋面隔热层劳动量为56工日，施工班组人数为8人，采用一班制，其施工延续时间为

$$t_{防水}=\frac{56}{8}=7（天）$$

屋面隔热层劳动量为36工日，施工班组人数为18人，采用一班制，其施工延续时间为

$$t_{隔热}=\frac{36}{18}=2（天）$$

4. 装饰工程

装饰工程包括楼地面、楼梯地面、天棚、内墙抹灰、铝合金窗、胶合板门、仿瓷涂料、油漆、外墙面砖等。

由于装饰阶段施工过程多，故组织固定节拍施工，若每层视为一段，共四段，由于各施工过程劳动量不同，泥工需要量比较集中，所以才有连续异节拍流水施工，其流水节拍、流水步距、施工工期计算如下：

楼地面和楼梯地面合为一项，劳动量为480工日，施工班组人数为30人，一层为一段，$m=4$，采用一班制，其流水节拍计算如下：

$$t_{地面}=\frac{480}{30\times4}=4（天）$$

天棚和内墙抹灰合为一项，劳动量为640工日，施工班组人数为40人，一层为一段，$m=4$，采用一班制，其流水节拍计算如下：

$$t_{抹灰}=\frac{640}{40\times 4}=4\text{（天）}$$

铝合金窗的劳动量为 80 工日，施工班组人数为 10 人，一层为一段，$m=4$，采用一班制，其流水节拍计算如下：

$$t_{铝窗}=\frac{80}{10\times 4}=2\text{（天）}$$

胶合板门的劳动量为 48 工日，施工班组人数为 6 人，一层为一段，$m=4$，采用一班制，其流水节拍计算如下：

$$t_{胶合板门}=\frac{48}{6\times 4}=2\text{（天）}$$

仿瓷涂料的劳动量为 46 工日，施工班组人数为 6 人，一层为一段，$m=4$，采用一班制，其流水节拍计算如下：

$$t_{涂料}=\frac{46}{6\times 4}\approx 2\text{（天）}$$

油漆的劳动量为 45 工日，施工班组人数为 6 人，一层为一段，$m=4$，采用一班制，其流水节拍计算如下：

$$t_{油漆}=\frac{45}{6\times 4}\approx 2\text{（天）}$$

外墙面砖自上而下不分层，不分段施工，劳动量为 450 工日，施工班组人数为 30 人，采用一班制，其流水节拍计算如下：

$$t_{外墙砖}=\frac{450}{30}=15\text{（天）}$$

脚手架不分层、不分段与主体工程平行施工。
装饰工程流水工期计算如下：

$t_{地面}=t_{抹灰}$　　$t_j=3$　　$t_d=0$

$K_{抹灰,地面}=t_{地面}+t_j-t_d=4+3-0=7$（天）

$t_{抹灰}>t_{铝窗}$　　$t_j=1$　　$t_d=0$

$K_{抹灰,铝窗}=mt_{抹灰,铝窗}-(m-1)t_{铝窗}+1=4\times 4-3\times 2+1=11$（天）

$t_{铝窗}=t_{胶合板门}$　　$t_j=0$　　$t_d=0$

$K_{铝窗,胶合板门}=t_{铝窗}+t_j-t_d=2+0-0=2$（天）

$t_{胶合板门1}=t_{涂料}$　　$t_j=0$　　$t_d=0$

$K_{胶合板门,涂料}=t_{胶合板门}+t_j-t_d=2+0-0=2$（天）

$t_{涂料}=t_{油漆}$　　$t_j=0$　　$t_d=0$

$K_{涂料,油漆}=t_{涂料}+t_j-t_d=2+0-0=2$（天）

$t_{装饰}=7+11+2+2+2+2\times 4=32$（天）

（四）横道图

该工程横道图如图 2-5 所示。

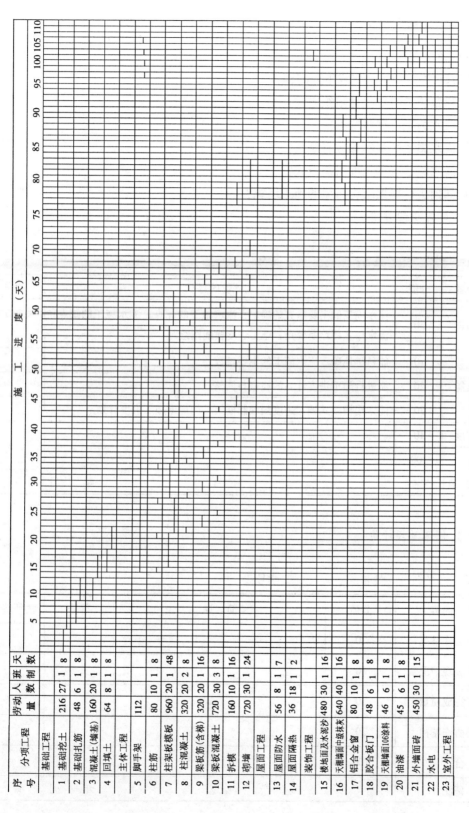

图2-5 横道图（任务一）

三、学习效果评价反馈

(一) 学生自评

根据流水施工知识，完成下列问题：
(1) 建筑施工有哪几种组织方式？
(2) 流水施工有哪些特点？
(3) 流水施工的基本参数有哪些？
(4) 流水施工有哪几种组织方式？
(5) 如何进行框架结构房屋的施工组织？

(二) 学习小组评价

班级：_____ 姓名：_____ 学号：_____

学习内容	分值	评价内容	得分
基础知识	30	流水施工的主要参数的确定；流水施工的优点；流水施工的缺点；流水作业图绘制要点；施工进度横线图绘制	
应会技能	10	能科学地确定流水施工的主要参数	
	20	能进行施工进度计划的检查与调整	
	30	能运用横线式施工进度图编制框架结构房屋施工进度计划	
学习态度	10		
合计	100		
学习小组组长签字：			年　月　日

(三) 任课教师评价

班级：_____ 姓名：_____ 学号：_____

评价内容	分值	简评	得分	教师签字
准备工作情况	20			
课堂表现情况	30			
任务完成质量	30			
团结协作精神	20			
合计	100			
备注			年　月　日	

任务二 多层砖混结构房屋流水施工组织

☞ 学习目标：
1. 了解砖混结构房屋的特点；
2. 根据流水施工的主要参数规范确定流水施工的类型及总工期；
3. 正确完成施工项目施工次序的确定及流水作业的作图；
4. 正确完成多层砖混结构横线式施工进度图的编制。

一、相关知识

（一）建筑方面

（1）共用楼梯。六层及六层以下楼梯间轴线宽度可为 2.4m，七层楼梯间宽度 ≥2.5m。

（2）七层砖混入户门必须设置防火门，或在楼梯间顶部做出屋面气楼。

（3）门窗选型。选型原则：在确保住户安全的基础上，在经济允许的情况下，选择尽可能扩大房屋的采光面积（提高窗地比），设置局部房间（如卫生间）透气性的门。门窗按材料划分，可分为铝合金门窗、钢门窗、塑料门窗和木门窗。从增加房屋的透光系数看，钢窗最好；从推进住宅产业现代化角度看，塑料窗最好；从保温隔热性能上看，钢门窗最差；从经济方面看，木门窗最经济。

（4）嵌入墙内的、厨房里的壁龛和客厅里的鞋柜等，若设于分户墙上，不利于防盗，故应设于分室墙上。

（5）分室（卧室、厨房）门头的亮子与室内的吊柜相重叠，亮子形同虚设，造成浪费。

（6）阳台扶手高度应为 1.1m，窗台高度应为 0.9m，两者不应一致。

（7）对于底层住户，因建筑构造处理不当，会引起地下水分因毛细管作用而使地面受潮和潮湿季节地面结露，可在构造上采取以下措施加以避免：

①室内地面一般应高出室外地面 0.3m 以上，当地下水位较高时，应高出 0.5m 以上。
②房屋四周可设置排水沟或管道，随时排走积水。
③通过地面构造处理，阻止潮湿空气侵袭而引起地面结露，兼顾地下水因毛细管作用而使地面受潮的加强处理。

（8）屋面保温层。现浇屋面保温层质量常受到天气、操作者的控水程度的影响，使得保温效果不能达到要求。如果采用预制保温层板，这些问题就可解决，经济上也较合理。

（二）结构方面

（1）在可用砖条基的前提下，非因场地土较差而引起的基础埋置过深（超过 2m），增加基础造价（人工挖基槽、基坑一般分为 2m、4m、6m 三个档次，基础加深势必产生连锁经济反应），可用构造处理来解决。

①用二一间隔法砖基础取代二皮一收砖基础，减少基础构造高度。

②构造柱若锚固于基础圈梁中，基础圈梁顶标高距室外地面以下0.5m，增加基础构造高度。若采用构造柱从基础混凝土垫层升起，而非地圈梁升起，基础的构造高度就会下降，这样处理对施工中构造柱插筋的要求较高。

（2）底层局部墙体抗震不利，可用配筋砖砌体来解决，而不用增加墙厚来解决（例如7度区七层砖混结构），既可以满足抗震验算的要求，也不减少底层使用面积。

（3）多层砌体房屋尺寸不宜过大，应适当控制开洞率，一片墙面的水平开洞率：抗震设防烈度为7、8、9度时，宜分别不超过0.60、0.45、0.30。开洞位置不应在墙的尽端，且不应影响纵横墙的整体连接。为使各墙体受力分布协调，避免强弱不匀时"各个击破"，防止非承重构件失稳，避免附属构件脱落伤人，必须控制砖房的局部尺寸。当小墙段增设构造柱时，最小尺寸可适当放宽。从房屋的抗震验算结果看，满足上述要求的多层砌体房屋基本都能满足抗震验算的要求，对建筑上的采光要求基本也能满足。

（4）对于底层砖砌体，必须考虑配电箱、壁龛对墙体削弱的影响，也可通过局部增加构造柱来解决。

（5）屋盖与墙体日温差裂缝的避免。在太阳光辐射的作用下，平屋面承受的温度一般为50℃左右，而砖砌体承受的最高温度一般为30℃左右，温差达20℃，前者线膨胀系数为10×10^{-6}，而后者线膨胀系数为5×10^{-6}。即使是按现行规范设计的房屋，满足抗震要求和砌体房屋伸缩缝最大间距要求的屋面即使进行了隔热处理，也难完全克服裂缝的产生，可通过下列方法进行解决：

①加强砖砌筑质量，使顶层砌筑砂浆强度不小于M5.0。在窗台下三皮砖缝处设置$3\phi8$通长钢筋（按墙拉筋设置），抵抗温度应力。

②在适当部位（仅于顶层墙体）加设抗裂柱，柱两端与圈梁相连，抵消温度应力的影响。

（6）板式阳台钢筋混凝土拦板与外墙面间的裂缝可通过改板式阳台为梁式阳台，并加强阳台栏板与墙体的连接来解决。

（7）钢筋砼栏板受力筋的配置应考虑水平往复力的影响，根部受力筋应双层配置。

（8）楼层的休息平台梁应避免架于入户门头上，避免产生不合理的传力。

（9）钢筋混凝土圈梁与钢筋混凝土构造柱。在砌体结构中设置圈梁（钢筋混凝土带或配筋砖带），其作用主要是增强房屋的整体性，在一定程度上加强墙体的稳定性，并提高墙体的抗剪抗拉强度，防止或减少墙体因过大不均匀沉降而发生的裂缝（即使出现裂缝也能阻止其进一步发展），在强震作用下还有可能防止砌体结构的倒塌（宜与构造柱同时存在）。构造柱是在砌体结构中为了提高其抗震能力，在房屋的适当部位，于砌体内设置的钢筋混凝土柱，它与设在砌体中圈梁共同作用，以提高砌体结构的抗震作用能力。构造柱有别于组合柱，这在《建筑抗震设计规范》中有所区别。试验表明：构造柱能提高砖砌体的抗剪承载力10%~30%（提高幅度与墙体的高厚比、竖向压力和开洞率等因素有关），这是结构设计者必须重视的问题。构造柱的设置部位有三个等级，第一个等级称为"四角设置",第二个等级称为"隔轴线设置",第三个等级称为"逢轴线设置"。构造柱可不必单独设置柱基或扩大基础面积,构造柱应伸入室外地面标高以下 0.5m。当抗震设防烈度为 7 度,多层砖房超过六层、抗震设防烈度为 8 度,多层砖房超过五层及抗震设防烈度为 9 度时,构造柱的纵向钢筋宜采用 $4\Phi14$;对楼梯间中间休息平台梁处的构造柱,纵筋要适当放大,箍筋要全段加密,对于大开间(房屋开间大于 4.2m)房屋,抗震设防烈度应提高一级。通过圈梁和构造柱等延性构件,把脆性材料分片包围,对破碎的墙体有所约束,并可加强整个结构的相互连接,避免突然倒塌,是一种切实可行的、较经济有效的措施。

(10) 在较大洞口上,兼过梁的圈梁应通过计算确定钢筋是否需要加强;有多孔板楼层的圈梁,必须注意带裁口的圈梁纵向钢筋规格不应一致。

(11) 预应力混凝土多孔板的选型。多孔板的宽度有 0.45m、0.6m、0.9m、1.2m 四种规格。从设计角度看,一般选择板宽较大的(减轻建筑物自重,加强结构整体性);从施工角度看,一般选用板宽较小(便于吊装安放)、板宽规格较少(容易找到)的。因此,在具体设计中,应根据建筑物的结构情况,选用的板宽规格不宜多于两种,以较大板宽为主(通常为 0.9m),以较小板宽作为调节板缝,最后仍难以解决的,则用现浇板带处理。

(12) 现浇板带。构造柱与多孔板产生矛盾、房屋尺寸与多孔板排列不合产生矛盾、砖房现浇钢筋混凝土圈梁设置要求不能满足时,都可通过现浇板带解决。由于现浇板带的受力不符合现浇板的受力计算模式,因此,只能按梁的构造要求进行配置。

(13) 建筑施工图上,一般都会考虑各功能室的需要,而将各楼面标高进行调整,例如,厨房、卫生间、楼面标高必然低于客厅、卧室楼面标高。通过结构处理比通过建筑处理要经济合理一些。考虑浇筑混凝土的施工荷载,现浇板负弯矩筋应不小于 $\phi8$。

(14) 屋面挑檐阳角加筋。较差的配筋导致构造柱内的钢筋过多,施工中构造柱内的钢筋较多,混凝土不易灌实;较好的配筋就可避免这类问题。

(15) 屋面上人孔,向上翻结构高度的确定,不仅要符合建筑图集的要求,还要考虑屋面面层(保温层、架空隔热板等)厚度的影响,屋面板洞口处应另加筋处理。

上述罗列的问题,均是在方案确定之后,于施工图阶段发生的,并不包括砖混住宅土建施工图的全部,对于加强专业的体会与沟通、提高住宅工程设计图纸的整体水准、适合住户需求、降低施工难度和工程造价都是有益的。

二、任务实施

(一) 工程概况

某四层四单元砖混结构房屋(有构造柱)建筑面积 $1402m^2$,基础为钢筋混凝土条形基础,主体为砖混结构,楼板为现浇混凝土,装饰工程为铝合金窗、胶合板门、外墙用白色外墙砖贴面,内墙为中级抹灰,外加 106 涂料。外面工程为现浇细石钢筋混凝土屋面板,防水层为一毡二油,外加架空隔热层。

（二）劳动量

序号	分项名称	劳动量（工日）
	基础工程	
1	基槽挖土	180
2	混凝土垫层	20
3	基础扎筋	40
4	基础混凝土（含墙基）	135
5	回填土	50
	主体工程	
6	脚手架	102
7	构造柱筋	68
8	砌砖墙	1120
9	构造柱模板	280
10	构造柱混凝土	80
11	梁板模板（含梯）	528
12	梁板筋（含梯）	120
13	梁板混凝土（含梯）	200
14	拆柱梁板模板（含梯）	600
	屋面工程	
15	屋面防水层	54
16	屋面隔热层	32
	装饰工程	
17	楼地面及楼梯水泥砂	190
18	天棚墙面中级抹灰	220
19	墙面中级抹灰	156
20	铝合金窗	24
21	胶合板门	20
22	外墙面砖	240
23	油漆	19
24	水电	

（三）施工工期安排

该工程施工工期安排同任务一。

（四）横道图

该工程横道图如图 2-6 所示。

序号	分项工程	劳动量	人数	班制	天数
1	基础挖土	180	20	1	10
2	混凝土垫层	20	20	1	1
3	基础扎筋	40	20	1	2
4	基础混凝土	135	20	1	2
5	回填土	50	20	1	3
6	主体工程				
7	脚手架	102			
8	构造柱筋	68	9	1	8
9	砌砖墙	1120	20	1	56
10	构造柱模	80	10	1	8
11	构造柱混凝土	280	20	3	4
12	梁板模板(含梯)	528	23	1	22
13	梁板筋	200	25	1	8
14	梁板混凝土(含梯)	600	25	3	8
15	拆柱梁板模板(含梯)	120	15	1	8
16	屋面工程				
17	屋面防水层	54	10	1	5
18	屋面隔热层	32	16	1	2
19	装饰工程				
20	楼地面及楼梯三抹水	190	20	1	11
21	天棚中级抹灰	220	20	1	8
22	墙中级抹灰	156	20	1	8
23	铝合金窗	24	4	1	6
24	胶合板门	20	3	1	6
	油漆	19	3	1	6
	外墙面砖	240	3	1	12
	水电				

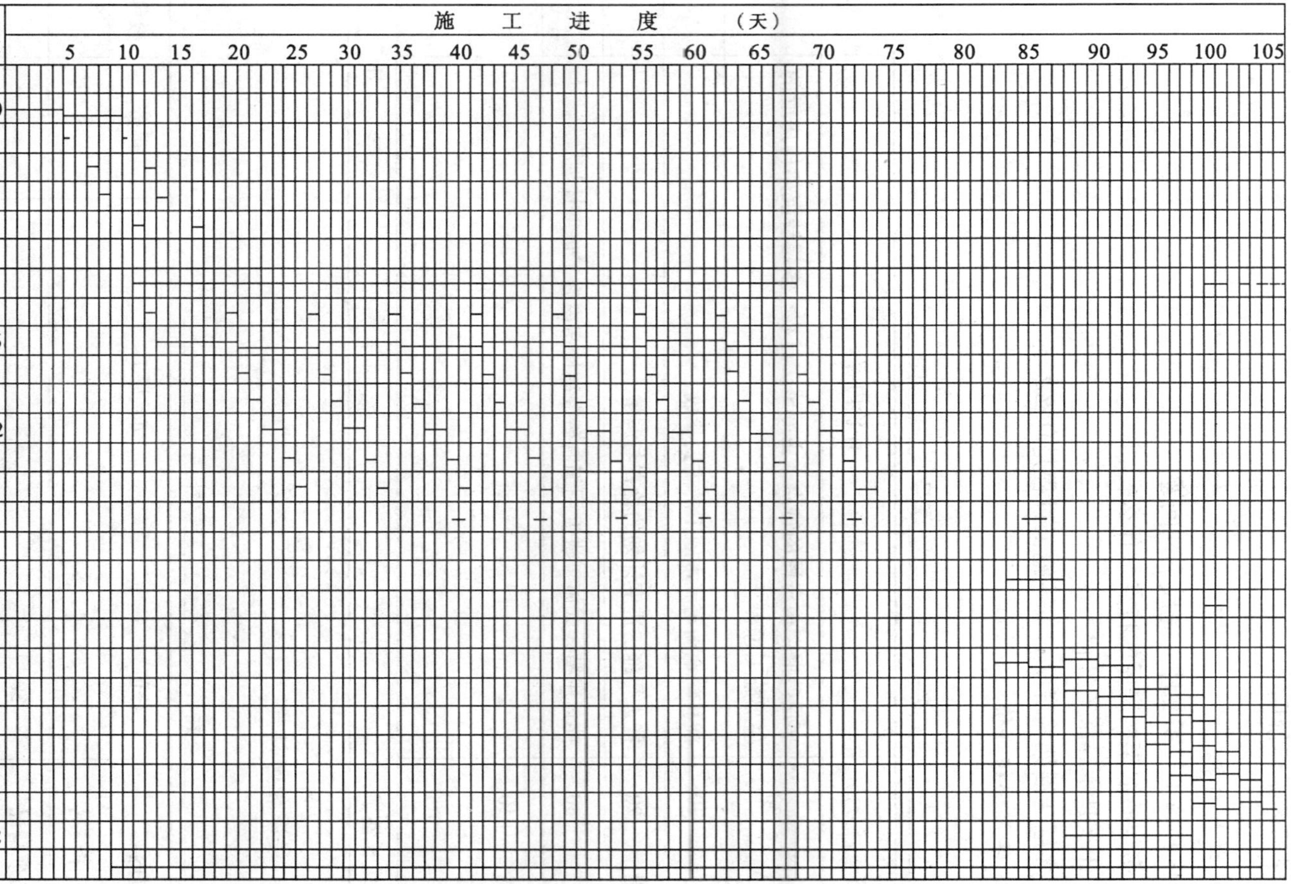

图2-6 横道图（任务二）

三、学习效果评价反馈

（一）学生自评

根据认知施工组织文件，完成下列问题：
(1) 多层砖混架构房屋的特点是什么？
(2) 什么是主导施工过程？
(3) 多层砖混架构房屋的主导施工过程是什么？

（二）学习小组评价

班级：_____ 姓名：_____ 学号：_____

学习内容	分值	评价内容	得分
基础知识	30	多层砖混架构房屋的特点；主导施工过程；多层砖混架构房屋的主导施工过程	
应会技能	10	能科学地确定流水施工的主要参数	
	20	能进行施工进度计划的检查与调整	
	30	能运用横线式施工进度图编制砖混结构房屋施工进度计划	
学习态度	10		
合计	100		

学习小组组长签字： 年 月 日

（三）任课教师评价

班级：_____ 姓名：_____ 学号：_____

评价内容	分值	简评	得分	教师签字
准备工作情况	20			
课堂表现情况	30			
任务完成质量	30			
团结协作精神	20			
合计	100			
备注			年 月 日	

任务三 建筑群体流水施工组织

☞ 学习目标：

1. 建筑群体的特点；
2. 正确完成施工项目施工次序的确定及流水作业的作图；
3. 正确完成建筑群体横线式施工进度图的编制。

一、相关知识

建筑群体的特点如下：

（1）8层以上（含8层），且建筑面积不少于6000m^2的高层住宅工程。
（2）建筑面积6000m^2以上的公共建筑。
（3）建筑面积10000m^2以上的工业建筑。
（4）建筑面积20000m^2以上的住宅街坊。
（5）建筑面积50000m^2以上的住宅小区。
（6）单项安装工程应是具有独立生产能力的工业生产流水线，且产值不少于1000万元。
（7）单项装饰工程是指对原有建筑的改建，并全面完成工程的整体装饰，且产值不少于3000万元。
（8）市政工程具有完整的使用功能，且产值不少于5000万元。
（9）绿化面积40000m^2以上的公共园林绿化工程。
（10）建筑面积5000m^2以上的公共园林建筑群体。
（11）学校、厂房、医院、别墅、度假村等每个单体工程未达到评选规模，可以群体工程申报，但建筑面积应在20000m^2以上。

二、任务实施

（一）工程概况

某工程为8栋六层住宅楼，总面积为23084m^2，8号、7号、6号楼的劳动量相等，5号、4号楼的劳动量相等，3号、2号、1号楼的劳动量相等，其合同签订的开工顺序为8号楼、7号楼、6号楼、5号楼、4号楼、3号楼、2号楼、1号楼，要求画出控制性流水进度计划。

（二）劳动量

序号	分部工程	劳动量	序号	分部工程	劳动量
8号	基础	314	4号	基础	351
	结构	1697		结构	1343
	整修	1613		整修	1290
	附属	338		附属	269
7号	基础	314	3号	基础	376
	结构	1679		结构	2014
	整修	1613		整修	1935
	附属	338		附属	405
6号	基础	314	2号	基础	376
	结构	1679		结构	2014
	整修	1613		整修	1935
	附属	338		附属	405
5号	基础	351	1号	基础	376
	结构	1343		结构	2014
	整修	1290		整修	1935
	附属	269		附属	405

（三）施工工期安排

该工程施工工期安排同任务一。

（四）横道图

该工程横道图如图2-7所示。

三、学习效果评价反馈

（一）学生自评

根据本任务认知，完成下列问题：

(1) 建筑群体的特点有哪些？
(2) 建筑群体流水施工有什么特点？
(3) 建筑群体施工组织的方法是什么？

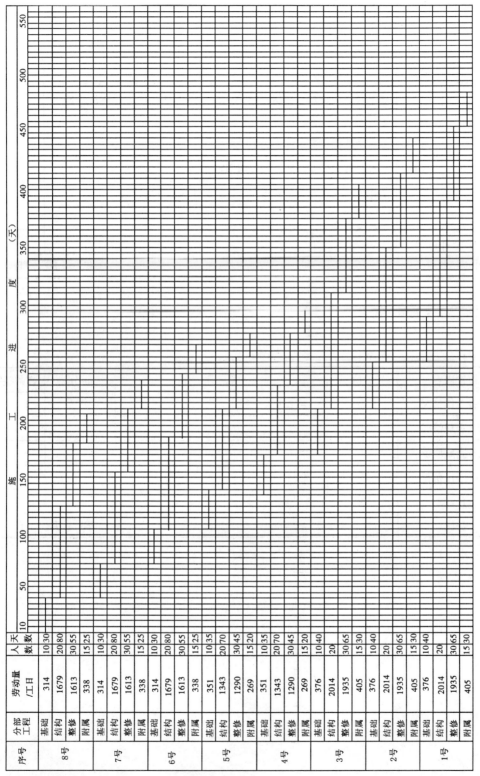

图2-7 横道图（任务三）

(二）学习小组评价

班级：_____ 姓名：_____ 学号：_____

学习内容	分值	评价内容	得分
基础知识	30	建筑群体的特点；建筑群体施工组织的方法；建筑群体流水施工的特点	
应会技能	10	能科学地确定流水施工的主要参数	
	20	能进行施工进度计划的检查与调整	
	30	能运用横线式施工进度图编制建筑群体施工进度计划	
学习态度	10		
合计	100		
学习小组组长签字：			年　月　日

(三）任课教师评价

班级：_____ 姓名：_____ 学号：_____

评价内容	分值	简　评	得分	教师签字
准备工作情况	20			
课堂表现情况	30			
任务完成质量	30			
团结协作精神	20			
合计	100			
备注			年　月　日	

学习情境三　建筑工程网络进度计划

任务一　施工进度网络计划的绘制

☞ 学习目标：
1. 了解网络计划绘制的规则、步骤、作用；
2. 知道网络计划的表示方法；
3. 知道网络计划的主要参数；
4. 知道网络计划的常用格式及特点；
5. 能进行网络计划主要参数的计算；
6. 正确绘制网络计划图。

一、相关知识

（一）网络计划的基本概念

1. 网络计划技术

网络计划用来对工程的施工进度进行设计、编排和控制，以保证实现预期确定的目标，这种科学的计划管理技术，称为网络计划技术。

2. 网络计划

用网络图表达任务构成、工作顺序并加注工作时间参数的进度计划，称为网络计划。

3. 网络图

网络图是指由箭线和节点组成的、用来表示工作流程的有向、有序的网状图形。

根据箭线和节点所代表的含义不同，可将其分为双代号网络图和单代号网络图。

（1）双代号网络图。以箭线及其两端节点的编号表示工作的网络图，称为双代号网络图（图3-1）。

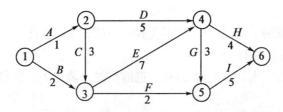

图3-1　某工程双代号网络图

双代号网络图用箭线表示一项工作，工作的名称写在箭线的上面，完成该项工作的持续时间写在箭线的下面，箭头和箭尾处分别画上圆圈，填入编号，箭头和箭尾的两个编号代表着一项工作（"双代号"名称的由来），如图3-2（a）所示，$i\text{-}j$代表一项工作。

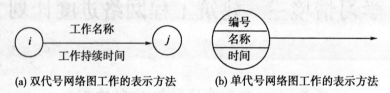

(a) 双代号网络图工作的表示方法　　(b) 单代号网络图工作的表示方法

图3-2　网络图工作的表示方法

（2）单代号网络图。以节点及其编号表示工作，以箭线表示工作之间的逻辑关系的网络图，称为单代号网络图。

单代号网络图是用一个圆圈代表一项工作，节点编号写在圆圈上部，工作名称写在圆圈中部，完成该工作所需要的时间写在圆圈下部，箭线只表示该工作与其他工作的相互关系，如图3-2（b）及图3-3所示。

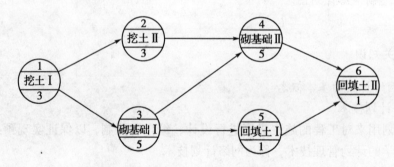

图3-3　某基础工程单代号网络计划

4. 双代号网络图的三要素

双代号网络图的基本符号是箭线（工作）、节点和线路。

（1）箭线。

①一条箭线表示一项工作或表示一个施工过程；

②一条箭线表示一项工作所消耗的时间和资源，分别用数字标注在箭线的下方和上方；

③在非时标网络图中，箭线的长度不代表时间的长短，画图时，原则上是任意的，但必须满足网络图的绘制规则；

④箭线的方向表示工作进行的方向和前进的路线，箭尾表示工作的开始，箭头表示工作的结束；

⑤箭线可以画成直线、折线或斜线。

（2）节点。网络图中箭线端部的圆圈或其他形状的封闭图形就是节点（图3-4）。

①节点表示前面工作结束和后面工作开始的瞬间,所以节点不需要消耗时间和资源;
②箭线的箭尾节点表示该工作的开始,箭线的箭头节点表示该工作的结束;
③根据节点在网络图中的位置不同,可以分为起点节点、终点节点、中间节点;

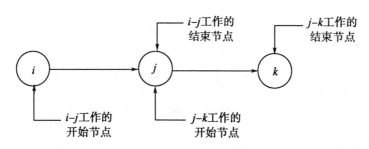

图3-4 节点示意图

④节点编号基本原则及方法。

节点编号必须满足两条基本原则:其一,箭头节点编号大于箭尾节点编号;其二,在一个网络图中,所有节点不能出现重复编号,可以按自然顺序编号,也可以非连续编号。

节点编号有两种方法:一种是水平编号法(图3-5(a)),另一种是垂直编号法(图3-5(b))。

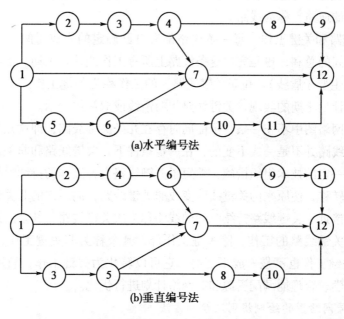

图3-5 节点编号

5. 紧前工作、紧后工作、平行工作

(1) 紧前工作:紧排在本工作之前的工作,称为本工作的紧前工作。

(2) 紧后工作：紧排在本工作之后的工作，称为本工作的紧后工作。
(3) 平行工作：与本工作同时进行的工作，称为本工作的平行工作。
它们之间的关系如图 3-6 所示。

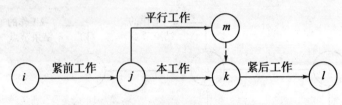

图 3-6　双代号网络图中的工作关系

6. 逻辑关系

工作之间相互制约或依赖的关系，称为逻辑关系。

(1) 工艺关系：是指生产工艺上客观存在的先后顺序关系，或是非生产性工作之间由工作程序决定的先后顺序关系。由施工工艺、方法所定的先后顺序，一般不可变。

(2) 组织关系：是指在不违反工艺关系的前提下，人为安排工作的先后顺序关系。

7. 线路、关键线路、关键工作

(1) 线路。网络图中从起点节点开始，沿箭线方向连续通过一系列箭线与节点，最后到达终点节点的通路，称为线路。

(2) 关键线路和关键工作。每一条线路都有自己确定的完成时间，它等于该线路上各项工作持续时间的总和，也是完成这条线路上所有工作的计划工期。工期最长的线路称为关键线路（或主要矛盾线）。位于关键线路上的工作称为关键工作。关键工作完成的快慢直接影响整个计划工期的实现，关键线路用粗箭线或双箭线表示。

关键线路在网络图中不止一条，可能同时存在几条关键线路，即这几条线路上的持续时间相同。关键线路并不是一成不变的，在一定条件下，关键线路和非关键线路可以互相转化。当采用了一定的技术组织措施，缩短了关键线路上各工作的持续时间时，就有可能使关键线路发生转移，使原来的关键线路变成非关键线路，而原来的非关键线路却变成关键线路。短于但接近于关键线路持续时间的线路称为次关键线路，其余的线路均称为非关键线路。位于非关键线路的工作，除关键工作外，其余称为非关键工作，它有机动时间（即时差）。非关键工作也不是一成不变的，它可以转化为关键工作；利用非关键工作的机动时间可以科学、合理地调配资源和对网络计划进行优化。

(二) 双代号网络图的绘制规则及绘制方法

1. 双代号网络图的绘制规则

(1) 必须正确表达各项工作之间的相互制约和相互依赖的关系。

在网络图中，根据施工顺序和施工组织的要求，要正确地反映各项工作之间的相互制约和相互依赖关系（见下表）。

网络图常见逻辑关系表示方法

序号	逻辑关系	双代号表示方法	单代号表示方法
1	A 完成后进行 B，B 完成后进行 C		
2	A 完成后同时进行 B 和 C		
3	A 和 B 都完成后进行 C		
4	A 和 B 都完成后同时进行 C、D		
5	A 完成后进行 C，A 和 B 都完成后进行 D		
6	A、B 都完成后进行 C，B、D 都完成后进行 E		
7	A 完成后进行 C，A、B 都完成后进行 D，B 完成后进行 E		
8	A、B 两项先后进行的工作，各分为三段进行，A_1 完成后进行 A_2、B_1，A_2 完成后进行 A_3、B_2，B_1 完成后进行 B_2，A_3、B_2 完成后进行 B_3		

（2）在网络图中，严禁出现循环回路。

（3）双代号网络图中，在节点之间严禁出现带双向箭头或无箭头的连线（图3-7、图3-8）。

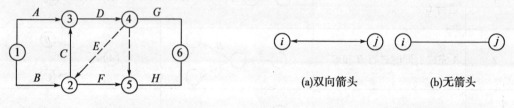

图3-7　有循环回路的错误网络图　　　　图3-8　错误的工作箭线画法

（4）双代号网络图中严禁出现没有箭头节点或没有箭尾节点的箭线。

（5）双代号网络图中的箭线宜保持自左向右的方向，不宜出现箭头指向左方的水平箭头或箭头偏向左方的斜向箭线。

（6）双代号网络图中，一项工作只有唯一的一条箭线和相应的一对节点编号。

（7）绘制网络图时，在构图时尽可能避免交叉。

（8）双代号网络图中，只允许有一个起点节点；不是分期完成任务的网络图中，只允许有一个终点节点；而其他所有节点均是中间节点。

（9）当双代号网络图的起点节点或终点节点有多条外向箭线或多条内向箭线时，在保证一项工作有唯一的一条箭线和对应的一对节点编号前提下，允许用母线法绘图（图3-9）。

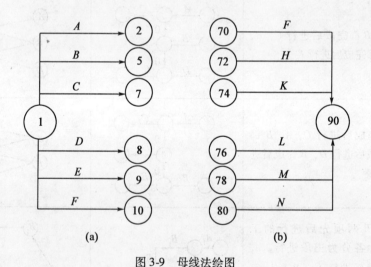

图3-9　母线法绘图

以上是绘制网络图应遵循的基本规则，这些规则是保证网络图能够正确反映各项工作之间相互制约关系的前提，我们要熟练掌握。

2. 双代号网络图的绘制方法

（1）逻辑草稿法。绘制网络草图的任务就是根据给定的逻辑关系表中的逻辑关系，将各项工作依次正确地连接起来。绘制网络草图的方法是顺推法，即以原始节点开始，首先确定由原始节点引出的工作，然后根据工作间的逻辑关系，确定每项工作的紧后工作，这样，把各项工作依次按网络逻辑连接起来。例如，图 3-10 是依据下表所列的某工程逻辑关系表绘制的逻辑草稿。

工作名称	A	B	C	D	E	F
紧前工作	—	A	A	B	BC	DE

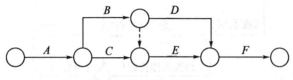

图 3-10　逻辑草稿绘图

（2）检查编号。参照逻辑关系表中的逻辑关系，按照网络图绘制的基本原则，检查网络图有无错误，若无错误，则可对节点进行编号。

3. 网络图的排列方式

在绘制网络图的实际应用中，我们都要求网络图按一定的次序组织排列，使其条理清晰、形象直观。网络图的排列方式主要有以下几种：

（1）按施工过程排列：根据施工顺序把各施工过程按垂直方向排列，把施工段按水平向排列。

例：某混凝土工程分力支模、绑钢筋、浇混凝土三个施工过程，若按两个施工段组织流水施工，突出不同工种的工作情况，则其网络图的排列形式如图 3-11 所示。

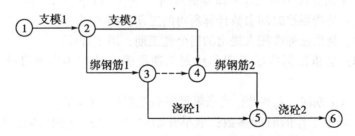

图 3-11　按施工过程排列的网络图

（2）按施工段排列：与按施工过程排列相反，它是把同一施工段上的各施工过程按水平方向排列，而施工则按垂直方向排列，反映出分段施工的特征，突出工作面的利用情况，如图 3-12 所示。

（3）按楼层排列。如图 3-13 所示，是一个三层内装饰工程的施工组织网络图，整个施工分三个施工过程，而这三个施工过程按自上而下的顺序组织施工。

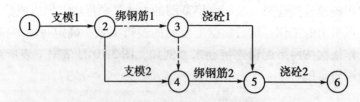

图 3-12　按施工段排列的网络图

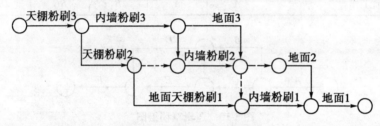

图 3-13　按楼层排列的网络图

(三) 网络计划时间参数的计算

1. 计算目的

(1) 确定关键线路和关键工作，便于施工中抓住重点，向关键线路要时间；

(2) 明确非关键线路及其在施工中在时间上有多大的机动性，以便于挖掘潜力，统筹兼顾，部署资源；

(3) 确定总工期，对工程进度做到心中有数。

2. 网络计划时间参数的概念及符号

(1) 工作持续时间：是指一项工作从开始到完成的时间，用 D 表示。其计算方法可参照以往实践经验估算、经过试验推算，或者，若有标准可查，可按定额计算。

(2) 工期：是指完成一项工作所需要的时间，一般有以下三种工期：

①计算工期：是指根据时间参数计算所得的工期，用 T_c 表示；

②要求工期：是指任务委托人提出的指令性工期，用 T_r 表示；

③计划工期：是指根据要求工期和计划工期所确定的作为实施目标的工期，用 T_p 表示。

当规定了要求工期时：$T_p \leqslant T_r$；当未规定要求工期时：$T_p = T_r$。

(3) 网络计划中工作的时间参数：最早开始时间、最迟开始时间、最早完成时间、最迟完成时间、总时差、自由时差。

①最早开始时间和最早完成时间。

工作最早开始时间是指各紧前工作全部完成后，本工作有可能开始的最早时刻。工作的最早开始时间用 ES 表示。

工作最早完成时间是指各紧前工作完成后，本工作有可能完成的最早时刻。工作的最早完成时间用 EF 表示。

这类时间参数受起点节点的控制，其计算程序是：自起点节点开始，顺着箭线方向，用累加的方法计算到终点节点，即沿线累加，逢圈取大。

②最迟开始时间和最迟完成时间。

工作最迟完成时间是指在不影响整个任务按期完成的前提下，工作必须完成的最迟时刻。工作的最迟完成时间用 LF 表示。

工作最迟开始时间是指在不影响整个任务按期完成的前提下，工作必须开始的最迟时刻。工作的最迟开始时间用 LS 表示。

这类时间参数受终点节点（即计算工期）的控制，其计算程序是：自终点节点开始，逆着箭线方向，用累减的方法计算到起点节点，即逆线累减，逢圈取小。

③总时差和自由时差。

工作总时差是指在不影响总工期的前提下，本工作可以利用的机动时间。工作的总时差用 TF 表示。

工作自由时差是指在不影响其紧后工作最早开始时间的前提下，本工作可以利用的机动时间。工作的自由时差用 FF 表示。

3. 网络计划中节点的时间参数及其计算程序

（1）节点计算法。

①节点最早时间：是指双代号网络计划中，以该节点为开始节点的各项工作的最早开始时间。节点 i 的最早时间用 ET_i 表示。计算程序是：自起点节点开始，顺着箭线方向，用累加的方法计算到终点节点。

如 i 是 j 的任一紧前工序的开始节点，则 $TE_j = \max\{TE_i + D_{ij}\}$，$TE_1 = 0$。

②节点最迟时间：是指双代号网络计划中，以该节点为完成节点的各项工作的最迟完成时间。

当指定工期时：终止节点最迟时间 TL_n = 指定工期或合同工期。

当无工期要求时：$TL_n = TE_n$，原因是在制订工程计划时，总希望计划能尽早实现。

故此，相对于终止节点，每个节点均有一个最迟时间，若 j 是 i 的任一紧后工序末节点，则 $TL_i = \min\{TL_j - D_{ij}\}$。

如图 3-14 所示，节点时间参数计算如下：

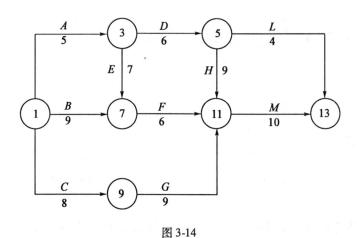

图 3-14

$TE_1 = 0$　　$TE_3 = 5$　　$TE_5 = 11$　　$TE_7 = 12$
$TE_9 = 8$　　$TE_{11} = 20$　　$TE_{13} = 30$

$TL_1 = TE_{13} = 30$ $TL_{11} = 20$ $TL_9 = 11$ $TL_7 = 14$

$TL_5 = 11$ $TL_3 = 5$ $TL_1 = 0$

节点最早时间是指该节点紧前各工序最早此时都能完成,最后各工序最早此时才能开始,不会比这更早了。

节点最迟时间是指该节点紧前各工序最迟此时必须完成工,最后各工序最迟此时必须开始,再迟会耽误工期。

（2）图上计算法。图上计算法是依据分析计算法的时间参数关系式,直接在网络图上进行计算的一种比较直观、简便的方法。

图 3-15 是利用图上计算法来计算工作的时间参数；图 3-16 是利用图上计算法来计算节点的时间参数；图 3-17 是标注方式,箭线下的数字代表该工作的持续时间,圆圈上面的数字分别表示该节点最早的时间和最迟的时间。

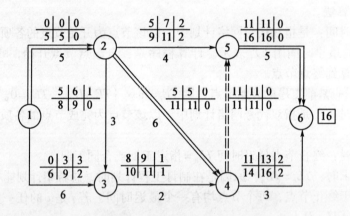

图 3-15 工作计算法计算时间参数

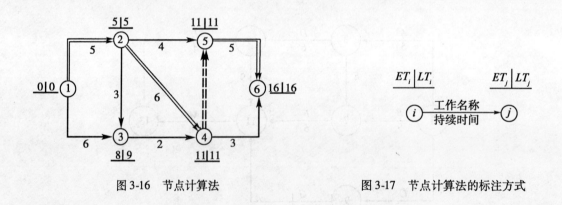

图 3-16 节点计算法   图 3-17 节点计算法的标注方式

（3）表上计算法。表上计算法是依据分析计算法所求出的时间关系式,用表格形式进行计算的一种方法。在表上列出拟计算的工作名称、各项工作的持续时间以及所求的各项时间参数。

（四）双代号时标网络计划

1. 双代号时标网络计划的特点与适用范围

双代号时标网络计划是以时间坐标为尺度编制的双代号网络计划,如图 3-18 所示。

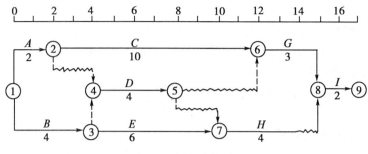

图 3-18　时标网络计划

(1) 双代号时标网络计划的特点:
①兼有网络计划与横道图优点,能够清楚地表明计划的时间进程;
②能在图上直接显示各项工作的开始与完成时间、自由时差及关键线路;
③时标网络计划在绘制中受到时间坐标的限制,因此不易产生循环回路之类的逻辑错误;
④可以利用时标网络计划图直接统计资源的需要量,以便进行资源优化和调整;
⑤因为箭线受时标的约束,故绘图不易,修改也较困难,往往要重新绘图。现在使用计算机以后,这一问题已较易解决。
(2) 双代号时标网络计划的适用范围:
①工作项目较少、工艺过程比较简单的工程;
②局部网络计划;
③作业性网络计划;
④使用实际进度前峰线进行进度控制的网络计划。
2. 绘制方法
(1) 时标网络计划的一般规定:
①双代号时标网络计划必须以水平时间坐标为尺度表示工作时间;
②双代号时标网络计划应以实箭线表示工作,以虚箭线表示虚工作,以波形线表示工作的自由时差;
③时标网络计划中所有符号在时间坐标上的水平投影位置,都必须与其时间参数相对应。
(2) 时标网络计划的绘制方法——直接绘制法,其步骤的口诀如下:
①时间长短坐标限;
②曲直斜平利相连;
③箭线到齐画节点;
④画完节点补波线;
⑤零线尽量拉垂直;
⑥否则安排有缺陷。
3. 关键线路的确定和时间参数的判读
(1) 关键线路的确定。自终点节点逆箭线方向朝起点节点观察,自始至终不出现波形线的线路为关键线路。

（2）工期的确定。时标网络计划的计算工期应是其终点节点与起点节点所在位置的时标值之差。

（3）时间参数的判读。最早时间参数：按最早时间绘制的时标网络计划，每条箭线的箭尾和箭头所对应的时标值应为该工作的最早开始时间和最早完成时间。

自由时差：波形线的水平投影长度。

总时差：自右向左进行，其值等于诸紧后工作的总时差的最小值与本工作的自由时差之和。

最迟时间参数：由计算得出。

二、任务实施

（一）案例背景

某15层办公楼，框架-剪力墙结构，建筑面积为16500m^2，平面形状为凸弧形，地下1层，地上15层，建筑物总高度为62.4m。地基处理采用CFG桩，基础为钢筋混凝土筏片基础；主体为现浇钢筋混凝土框架-剪力墙结构，填充砌体为加气混凝土砌块；地下室地面为地砖地面，楼面为花岗岩楼面；内墙基层抹灰，涂料面层，局部贴面砖；顶棚基层抹灰，涂料面层，局部轻钢龙骨吊顶；外墙为基层抹灰，涂料面层，立面中部为玻璃幕墙，底部花岗岩贴面；屋面防水为三元乙丙卷材三层柔性防水。

本工程基础、主体均分成三个施工段进行施工，屋面不分段，内装修每层为一段，外装修自上而下依次完成。在主体结构施工至4层时，在地下室开始插入填充墙砌筑，2~15层均砌完后再进行地上一层的填充墙砌筑；在填充墙砌筑至第4层时，在第2层开始室内装修，依次做完3~15层的室内装修后再做底层及地下室室内装修。填充墙砌筑工程均完成后再进行外装修，安装工程配合土建施工。

（二）绘制网络计划的步骤

（1）调查研究收集资料；

（2）明确施工方案和施工方法；

（3）明确工期目标；

（4）划分施工过程，明确各施工过程的施工顺序；

（5）计算各施工过程的工程量、劳动量、机械台班量；

（6）明确各施工的班组人数、机械台数、工作班数，计算各施工过程的工作持续时间；

（7）绘制初始网络图；

（8）计算各项工作参数，确定关键线路、工期；

（9）检查初始网络计划的工期是否符合工期目标，资源是否均衡，成本是否较低；

（10）进行优化调整；

（11）绘制正式网络计划；

（12）上报审批。

（三）绘制网络计划

网络计划如图3-19所示。

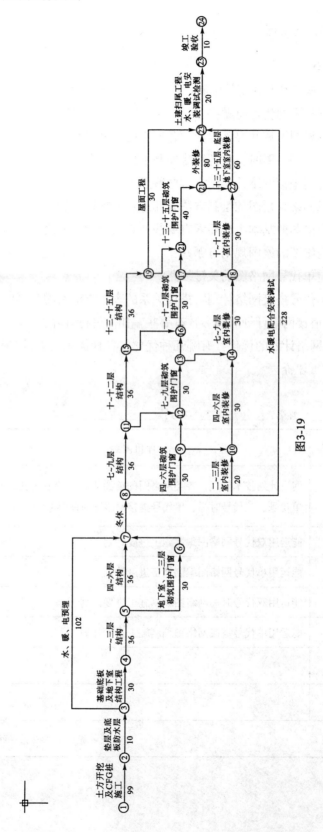

图3-19

三、学习效果评价反馈

（一）学生自评

根据网络图示施工进度计划的编制过程，回答下列问题：
(1) 网络计划技术的优点有哪些？
(2) 双代号网络图由哪些要素组成？各要素的含义是什么？
(3) 绘制双代号网络图时，应遵循哪些基本原则？
(4) 双代号时间坐标网络计划图有哪些特点？
(5) 时间坐标网络计划图的绘制方法有几种？试加以比较。
(6) 单代号网络图的基本组成要素有哪些？它与双代号网络图的本质区别是什么？
(7) 单代号网络图的绘图规则有哪些？
(8) 如何确定单代号网络图的关键线路？
(9) 什么是单代号搭接网络计划？搭接关系的表示方法有哪几种？
(10) 单代号搭接网络计划时间参数有哪些？如何进行计算？
(11) 什么是网络计划的优化？有哪几种优化？各种优化的步骤有哪些？

（二）学习小组评价

班级：_____ 姓名：_____ 学号：_____

学习内容	分值	评价内容	得分
基础知识	30	网络计划技术原理；各类网络图的绘图规则及绘制方法；双代号、单代号、双代号时标、单代号搭接网络图时间参数的计算	
应会技能	10	能运用双代号网络图编制施工进度计划	
	20	能运用单代号网络图编制施工进度计划	
	10	能运用双代号时标网络图编制施工进度计划	
	20	能运用单代号搭接网络图编制施工进度计划	
学习态度	10		
合计	100		
学习小组组长签字：		年　月　日	

（三）任课教师评价

班级：_____ 姓名：_____ 学号：_____

评价内容	分值	简　评	得分	教师签字
准备工作情况	20			
课堂表现情况	30			
任务完成质量	30			
团结协作精神	20			
合计	100			
备注			年　月　日	

任务二　施工进度网络计划的优化

☞ 学习目标：
1. 了解施工进度网络计划的优化原理；
2. 知道施工进度网络计划的优化目的；
3. 正确完成施工进度网络计划的工期优化；
4. 正确完成施工进度网络计划的费用优化；
5. 正确完成施工进度网络计划的资源优化。

一、相关知识

通过不断改善网络计划的初始方案，在满足既定要求的条件下，可按某一衡量指标（如成本、资源、时间）来寻求一个最优的计划方案。

（一）工期优化

工期优化是在满足既定约束条件下，按要求工期目标，通过延长或缩短网络计划初始方案的计算工期，以达到要求工期目的，保证按期完成任务。

目标：以缩短工期为目标；

思路：利用缩短关键线路上的某活动的工作时间来缩短工期。

1. 计算工期小于或等于要求工期

工期优化方法如下：

（1）延长关键线路上资源占用量大或直接费用高的工作的持续时间；
（2）重新选择施工方案，改变施工机械，调整施工顺序，再重新分析逻辑关系；
（3）编写网络图，计算时间参数；
（4）反复多次进行，直到满足要求工期。

2. 计算工期大于要求工期

可以在不改变网络计划中各项工作之间逻辑关系的前提下，通过压缩关键工作的持续时间来满足要求工期。

选择缩短持续时间的关键工作时，应考虑以下因素：

（1）缩短持续时间对质量和安全影响不大的工作；

（2）有充足备用资源的工作；

（3）缩短持续时间所需增加费用最小的工作。

将所有的工作按其是否满足上述三方面要求，来确定优选系数，优选系数小的工作较适宜压缩持续时间。

3. 工期优化步骤

（1）找出关键线路，求出计算工期及应压缩时间；

（2）找出首选被压缩关键工作（压缩后应仍为关键工作，同时不应小于最短持续时间）；

（3）调整后重求计算工期及应压值；

（4）重复，直至满足要求工期为止；

（5）若所有关键工作时间均达极限，工期仍不满足，则应对计划的原技术、组织方案或对要求工期重新审定。

（二）费用优化

费用优化又称工期成本优化或时间成本优化，是指寻求总成本最低时的工期安排，或按要求工期寻求最低成本的计划安排过程。

目标：工期既短，成本又低。

1. 费用和时间的关系

这里的成本是站在企业的角度而言的，其费用随时间影响（叫做实际成本），而不同于就项目本身而言的预算成本。作为企业管理者，当然是站在本企业角度，尽可能降低实际成本发生额。

成本曲线是由直接费用曲线和间接费用曲线叠加而成的，曲线上的最低点就是工程计划的最优方案之一。此方案工程成本最低，相对应的持续时间称为最优工期（图3-20）。

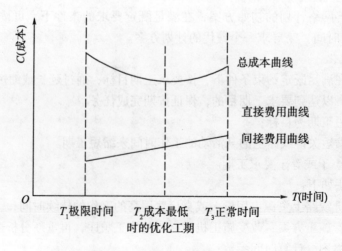

图3-20 工期与费用关系曲线

直接费用变化率:

$$\Delta C = \frac{极限直接费用-正常直接费用}{正常时间-极限时间}$$

2. 费用优化的方法步骤

(1) 费用优化的方法。不断地在网络计划中找出直接费用率最小的关键工作,缩短其持续时间,同时考虑间接费用随工期缩短而减少的数值,最后求得工程总成本最低时的最优工期安排或按要求工期求得最低成本的计划安排。

思路:不断压缩关键线路上有压缩可能且费用最少的工作。

(2) 费用优化的步骤。

①按工作的正常持续时间确定计算关键线路、工期、总费用;

②计算各工序直接费用率;

③当只有一条关键线路时,应找出直接费用率最小的一项关键工作,作为缩短持续时间的对象;当有多条关键线路时,应找出组合直接费用率最小的一组关键工作,作为缩短持续时间的对象;

④对于选定的压缩对象,首先比较其直接费用率或组合直接费用率与工程间接费用率的大小;

⑤当需要压缩关键工作的持续时间时,其缩短值的确定必须符合下列两条原则:

a. 缩短后工作的持续时间不能小于其最短持续时间;

b. 缩短时间的工作不能变成非关键工作;

⑥计算关键工作持续时间缩短后相应的总费用的变化;

⑦重复上述③~⑥步,直到计算工期满足要求工期或被压缩对象的直接费用率或组合费用率大于工程间接费用率为止。

(三) 资源优化

资源是指为了完成一项计划任务所需投入的人力、材料、机械设备和资金等的统称。

资源限量是单位时间内可供使用的某种资源的最大数量。

资源优化的目的是通过改变工作的开始时间和完成时间,使资源按照时间的分布符合优化目标。

资源优化的种类包括资源有限-工期最短的优化、工期固定-资源均衡的优化。资源有限-工期最短的优化是在满足资源限制条件下,通过调整计划安排,使工期延长最少的过程;工期固定-资源均衡的优化是在工期保持不变的条件下,通过调整计划安排,使资源需要量尽可能均衡的过程。

进行资源优化时的前提条件是:

(1) 在优化过程中,不改变网络计划中各项工作之间的逻辑关系;

(2) 在优化过程中,不改变网络计划中各项工作的持续时间;

(3) 网络计划中各项工作的资源强度为常数,即资源均衡,而且是合理的;

(4) 除规定可中断的工作外,一般不允许中断工作,应保持其连续性。

1. 资源有限-工期最短的优化

优化步骤如下:

(1) 按照各项工作的最早开始时间安排进度计划,即绘制早时标网络计划,并计算网络计划每个时间单位的资源需要量。

（2）从计划开始日期起，逐个检查每个时段资源需要量是否超过所能供应的资源限量，如果在整个工期范围内每个时段的资源需要量均能满足资源限量的要求，则可行优化方案就编制完成；否则，必须转入下一步进行计划的计算调整。

（3）分析超过资源限量的时段。

（4）绘制调整后网络计划，重新计算每个时间单位的资源需要量。

（5）重复上述（2）~（4）步，直至网络计划整个工期范围内每个时间单位的资源需要量均满足资源限量为止。

2. 工期固定-资源均衡的优化

工期固定-资源均衡的优化是在工期保持不变的条件下，调整工程施工进度计划，使资源需要量尽可能均衡，即整个工程中每个单位时间的资源需要量不出现过高的高峰和低谷，这样可以大大减少施工现场各种临时设施的规模，不仅有利于工程建设的组织与管理，而且可以降低工程施工费用。

优化步骤如下：

（1）按照各项工作的最早开始时间安排进度计划，即绘制早时标网络计划，并计算网络计划每个时间单位的资源需要量。

（2）从网络计划的终点节点开始，按工作完成节点编号值从大到小的顺序依次进行调整。当某一节点同时作为多项工作的完成节点时，应先调整开始时间较迟的工作。

（3）当所有的工作均按上述顺序自右向左调整了一次之后，为使资源需要量更加均衡，再按上述顺序自右向左进行多次调整，直到所有的工作既不能左移，也不能右移为止。

二、任务实施

（一）工期优化背景资料

已知某网络计划如图3-21所示，图中箭线下方括号外数据为工作正常持续时间，括号内数据为工作最短持续时间。假定要求工期为20天，试对该原始网络计划进行工期优化。

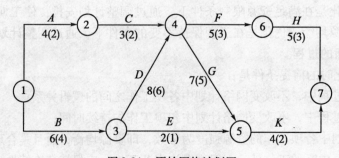

图3-21 原始网络计划图

（二）解答步骤

（1）找出网络计划的关键线路、关键工作，确定计算工期。

如图 3-22 所示，关键线路：①→③→④→⑤→⑦，$t=25d$。

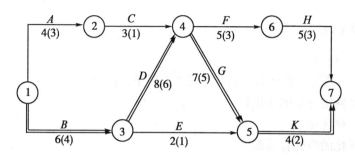

图 3-22 网络计划的关键线路、关键工作

（2）计算初始网络计划需缩短的时间 $t=25-20=5d$。
（3）确定各项工作可能压缩的时间。
①→③工作可压缩 2d；③→④工作可压缩 2d；④→⑤工作可压缩 2d；⑤→⑦工作可压缩 2d。
（4）选择优先压缩的关键工作。考虑优先压缩条件，首先选择⑤→⑦工作，因其备用资源充足，且缩短时间对质量无太大影响。⑤→⑦工作可压缩 2d，但压缩 2d 后，①→③→④→⑥→⑦线路成为关键线路，⑤→⑦工作变成非关键工作。为保证压缩的有效性，⑤→⑦工作压缩 1d。此时，关键工作有两条，工期为 24d，如图 3-23 所示。

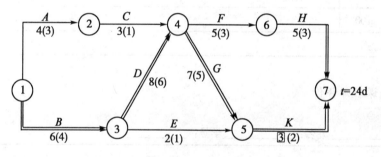

图 3-23 优先压缩⑤→⑦工作

按要求工期，尚需压缩 4d，如图 3-24 所示，根据压缩条件，选择①→③工作和③→④

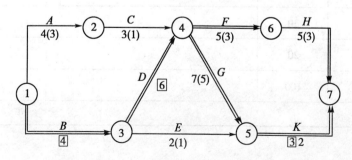

图 3-24 工期优化后的网络图

工作进行压缩,分别压缩至最短工作时间,关键线路仍为两条,工期为20d,满足要求,优化完毕。

三、学习效果评价反馈

(一)学生自评

根据网络图示施工进度计划的编制过程,回答下列问题:

(1) 什么是网络计划的优化?
(2) 有哪几种优化?
(3) 各种优化的步骤有哪些?

(二)学习小组评价

班级:_____ 姓名:_____ 学号:_____

学习内容	分值	评价内容	得分
基础知识	30	网络计划的工期优化、资源优化、费用优化的过程	
应会技能	20	能进行网络计划的工期优化	
	20	能进行网络计划的资源优化	
	20	能进行网络计划的费用优化	
学习态度	10		
合计	100		
学习小组组长签字:			年　月　日

(三)任课教师评价

班级:_____ 姓名:_____ 学号:_____

评价内容	分值	简评	得分	教师签字
准备工作情况	20			
课堂表现情况	30			
任务完成质量	30			
团结协作精神	20			
合计	100			
备注			年　月　日	

任务三 施工进度网络计划的控制

☞ 学习目标：
1. 了解影响施工进度网络计划控制的因素；
2. 了解施工进度网络计划控制的原理；
3. 了解施工进度网络计划控制的步骤；
4. 知道施工进度网络计划控制的方法；
5. 能运用施工进度网络计划控制的方法来控制施工进度。

一、相关知识

（一）施工进度控制概述

1. 进度控制概念

进度控制是指拟建工程在进度计划的实施过程中，经常检查实际进度是否按照计划进度要求进行，对出现的偏差情况进行分析，采取补救措施或调整、修改原计划后再付诸实施，如此循环，直到建设工程竣工验收、交付使用。

目标：实现合同约定竣工日期。

2. 影响进度控制因素

（1）业主因素；
（2）勘察设计因素；
（3）施工技术因素；
（4）自然环境因素；
（5）社会环境因素；
（6）组织管理因素；
（7）材料设备因素；
（8）资金因素。

3. 施工进度控制程序

依据施工合同确定的开工日期、总工期、竣工日期确定施工进度目标，明确计划开工日期、计划总工期和计划竣工日期，并确定项目分期分批的开、竣工日期。

（1）编制施工进度计划；
（2）向监理工程师提出开工申请报告，并按照监理工程师所下达开工令的指定日期开工；
（3）实施施工进度计划；
（4）全部任务完成后应进行进度控制总结，并编写进度控制报告。

4. 进度控制措施

（1）经济措施。建立奖惩制度，设置提前工期奖等。当承包人的工程进度与进度目标相比出现偏差时，监理应与承包人一起认真分析原因，对于承包人，如果是由于资金不足或业主延误付款造成的，应督促业主及时支付工程进度款，如果承包人进度落后的原因不是由于业主或监理单位造成，则应要求承包人认真履行合同，并按合同的规定扣除其违约金或罚款。

(2) 组织措施。要求承包人建立健全进度控制的管理系统，落实进度控制的组织机构和人员，明确责任制，经常对进度执行情况进行分析，使进度检查和调整工作始终处于动态管理之中。

(3) 合同措施。监理工程师利用合同规定的权力，督促承包人全面履行合同，必要时可建议业主采取诸如强制分包或召开工地协调会等手段，促使承包人加快工程进度，完成预定的工期目标。当承包人确无能力在计划工期内完成项目施工时，监理工程师可提供较为详尽的材料，建议业主解除合同。

(4) 技术措施。要通过及时分析进度计划执行中的偏差情况，经常研究和分析进度计划执行和编制中存在的问题，找准原因，采取相应的对策，特别要注意引导承包人尽量采用先进的科学技术和管理方法去组织施工，加快进度，提高劳动生产效率，缩短工期。

(二) 进度计划比较与调整

1. 横道图比较法

如图 3-25 所示，横道图中细实线表示计划进度，粗实线表示检查时的实际进度。

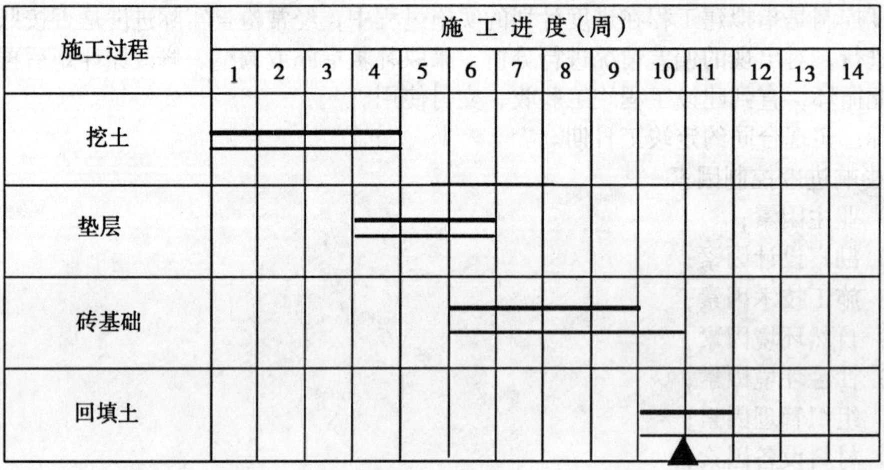

施工过程	施工进度（周）													
	1	2	3	4	5	6	7	8	9	10	11	12	13	14
挖土														
垫层														
砖基础														
回填土														

图 3-25

该方法适用条件为各施工过程均为匀速进展的情况，如果各过程进展速度不一样，则不能采用该方法，而应采用非匀速进展的横道图比较方法。

2. 实际进度前锋线比较法

在原时标网络计划中，从检查时刻出发，用点画线自上而下将各项工作的实际进度前锋点依次连接，构成一条折线。

实际进度前锋线法比较步骤如下：

①绘制早时标网络计划；

②绘制实际进度前锋线；

③实际进度与计划进度比较；

④填写网络计划结果分析表；

⑤分析预测进度偏差及对后续工作的影响。

3. "香蕉"曲线比较法

"香蕉"曲线是由两条"S"形曲线组合而成的闭合曲线。S 曲线是以横坐标表示时间、以纵坐标表示累计完成任务量的一条曲线，因其形状总体呈"S"形，故称为S曲线，也称为ES曲线。

二、任务实施

[例1] 已知双代号网络计划，如图3-26所示，在第7天检查网络计划执行情况时，发现A已完成，B已工作2天，C已工作1天，D尚未开始。据此绘出实际进度前锋线，并填写网络计划检查结果分析表。

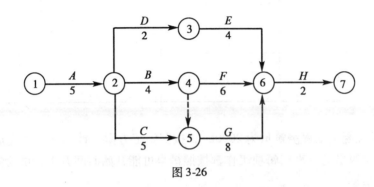

图3-26

[解]（1）按工作最早时间绘制早时标网络计划。
（2）在早时标网络计划中，根据检查情况，用点画线将各过程的实际进度自上而下连接，绘出实际进度前锋线，如图3-27所示。

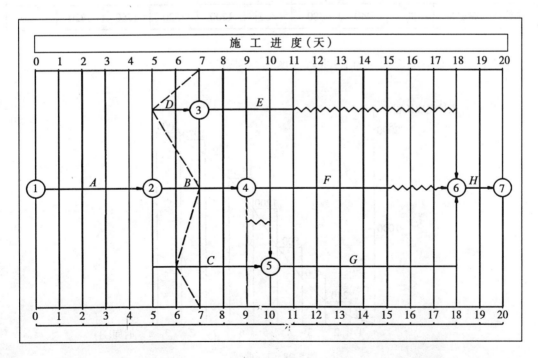

图3-27

(3) 将实际进度与计划进度进行比较，分析预测偏差后续工作及对总工期的影响。

(4) 填写检查结果分析表。

检查结果分析表

工作名称	检查时刻，工作尚需作业天数	到计划最迟完成时尚有天数	原有总时差	现有总时差	情况判别
B	2	3	1	1	与计划一致
C	4	3	0	-1	拖后1天，影响工期1天
D	2	7	7	5	拖后2天，但不影响工期

[例2] 某混凝土工程浇筑量为2000m^3，按照施工方案，计划9个月完成，每月计划完成的混凝土浇筑量见下表，每项工作都按照最早可能开始时间开工，试绘制该混凝土浇筑工程的 ES 曲线。

每月计划完成混凝土浇筑量

时间（月）	1	2	3	4	5	6	7	8	9
每月计划完成量	80	160	240	320	400	320	240	160	80
累计计划完成量	80	240	480	800	1200	1520	1760	1920	2000

[解] 该混凝土浇筑工程的 ES 曲线如图 3-28 所示。

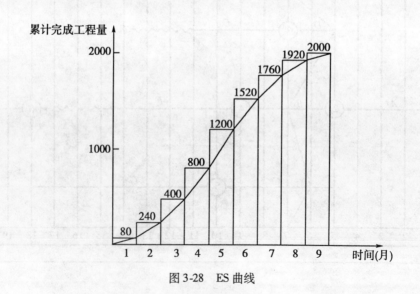

图 3-28 ES 曲线

三、学习效果评价反馈

（一）学生自评

根据施工进度控制的原理和方法，完成下列问题：

(1) 施工进度网络计划控制的方法有哪些？
(2) 施工进度网络计划控制的步骤是什么？
(3) 施工进度网络计划控制的原理是什么？

（二）学习小组评价

班级：_____ 姓名：_____ 学号：_____

学习内容	分值	评价内容	得分
基础知识	30	进度控制的原理、方法；前锋线法、"香蕉"曲线法、控制施工进度的步骤；检查结果分析表的运用	
应会技能	20	能使用前锋线法进行网络计划的控制	
	20	能使用"香蕉"曲线法进行网络计划的控制	
	20	能使用 S 曲线法进行网络计划的控制	
学习态度	10		
合计	100		

学习小组组长签字：　　　　　　　　　　　　　　　　　年　　月　　日

（三）任课教师评价

班级：_____ 姓名：_____ 学号：_____

评价内容	分值	简评	得分	教师签字
准备工作情况	20			
课堂表现情况	30			
任务完成质量	30			
团结协作精神	20			
合计	100			
备注			年　月　日	

学习情境四 施工现场管理

任务一 施工现场项目经理部的建立

☞ 学习目标：
1. 了解施工管理的概念和基本任务；
2. 了解施工管理的主要内容；
3. 了解建筑企业项目管理组织形式；
4. 了解施工现场项目经理部的内涵及作用；
5. 施工项目经理部的规模设计；
6. 项目经理部的组成；
7. 掌握项目经理部的部门设置和人员设备；
8. 掌握项目经理的作用及职责。

一、相关知识

（一）施工管理的相关内容

1. 施工管理的概念及基本任务

所谓施工管理，是指对完成最终建筑产品的施工全过程所进行的组织和管理。施工管理的基本任务，是指合理地组织完成最终建筑产品的全部施工过程，充分利用人力和物力，有效地使用时间和空间，保证综合协调施工，使建筑工程达到工期短、质量好、成本低、安全生产的目标，迅速发挥投资效益。

2. 施工管理的主要内容

施工管理贯穿于整个施工阶段，在施工全过程的不同阶段，施工管理工作的重点和具体内容是不相同的。施工管理的实质是对施工生产进行合理的计划、组织、协调、控制和指挥。施工管理的主要内容有：

（1）签订工程承包合同，严格按合同执行，加强合同管理；
（2）认真做好施工准备工作，加强施工准备工作管理；
（3）按现场施工目标，组织好现场施工，加强现场施工管理；
（4）做好竣工验收的准备，严格按程序组织工程验收，加强工程交工验收管理。

（二）建筑企业项目管理组织形式

我国的大型建筑企业项目管理组织主要有四种组织方式：工作队式、部门控制式、矩阵式、事业部式。这四种项目管理的组织形式基本上适应了项目一次性的特点，使项目的资源配置可以进行动态的优化组合，能够连续、均衡地运作，基本满足大型建筑企业项目管理的需要，根据所选择的项目组织形式，设置相应项目经理部。不同的组织形式对施工项目经理部的管理力量和管理职责提出了不同的要求，同时也提供了不同的管理环境。

1. 工作队式项目管理组织形式

工作队式项目管理组织的优点是：项目人员组成工作队，独立性大，项目部成员在工程建设期间与原所在部门脱离了领导与被领导的关系，原单位的负责人只负责业务指导及考察。企业的职能部门处于服从地位，只提供一些服务。这种组织形式适用于大型工程项目、工期要求紧的项目、要求多工种多部门密切配合的项目。

2. 部门控制式项目管理组织形式

部门控制式项目管理组织形式是按职能原则建立的项目组织，把项目委托给企业某一专业部门，由部门领导，在本单位选人组合负责实施，一般适用于小型的专业性强、不需涉及众多部门的施工项目。其优点是：由熟人组合办熟悉的事，人事关系易协调，从接受任务到组织的运转启动，时间短，职责明确，职能专一；缺点是：不能适应大型项目管理需要，不利于精简机构。

3. 矩阵式项目管理组织形式

矩阵式项目管理组织形式的特征是：将按职能划分的部门与按产品或项目划分的小组（项目组）结合成矩阵状的一种组织形式。各个项目与职能部门结合成矩阵状，既能发挥职能部门的纵向优势，又能发挥项目组织的横向优势；职能部门负责人对参与项目组织的人员有组织调配、业务指导和管理考察的责任，项目经理将参与项目组织的职能人员在横向上有效地组织起来，为实现项目目标协同工作；矩阵中成员接受项目经理和部门负责人的双重领导，但部门的控制力大于项目的控制力，部门负责人根据不同的需求和忙闲程度，在项目之间调配本部门人员，一个专业人员可能同时为几个项目服务，大大提高了人才的利用率。

4. 事业部式项目管理组织形式

大型建筑企业事业部可以按地区设置，也可以按工程类型或经营内容设置，能迅速适应环境变化，在事业部下面设经理部，项目经理由事业部选派。这种形式适用于大型经营性企业的工程承包，特别适用于远离公司本土的工程承包，适用于一个地区内有长期市场或一个企业有多种专一施工力量时采用。其优点是：有利于延伸企业的经营职能，扩大企业的经营业务，便于开拓企业的业务领域。缺点是：企业对项目经理部的约束力减弱，协调指导的机会减少，故有时会造成企业机构松散，必须加强制度约束，加大企业的综合协调能力。

（三）施工现场项目经理部的内涵及作用

1. 施工现场项目经理部的内涵

施工现场是参加建筑施工的全体人员为优质、安全、低成本和高速度完成施工任务而进行工作的活动空间。

施工现场项目经理部是施工项目管理的工作班子，是企业为了使施工现场更具有生产组织功能，为了更好地完成工程项目管理目标而设立的置身于项目经理领导之下的临时性的基层施工管理机构。

2. 施工现场项目经理部的作用

（1）项目经理部在项目经理领导下，作为项目管理的组织机构，负责施工项目从开工到竣工的全过程施工生产经营的管理，是企业在某一工程项目上的管理层，同时对作业层负有管理与服务双重职能。作业层工作的质量取决于项目经理部的工作质量。

（2）项目经理部是项目经理的办事机构，为项目经理决策提供信息依据，当好参谋，同时又要执行项目经理的决策意图，向项目经理全面负责。

（3）项目经理部是一个组织体，其作用包括：完成企业所赋予的基本任务管理和专业管理任务等；凝聚管理人员的力量，调动其积极性，促进管理人员的合作，建立为事业的奉献精神；协调部门之间、管理人员之间的关系，发挥每个人的岗位作用，为共同目标进行工作；影响和改变管理人员的观念和行为，使个人的思想、行为变为组织文化的积极因素；贯彻组织责任制，搞好管理；沟通部门之间，项目经理部与作业队之间、与公司之间、与环境之间的信息。

（4）项目经理部是代表企业履行工程承包合同的主体，也是对最终建筑产品和业主全面、全过程负责的管理主体；通过履行主体与管理主体地位的体现，使每个工程项目经理部成为企业进行市场竞争的主体成员。

（四）施工项目经理部的规模设计

目前，国家对项目经理部的设置规模尚无具体规定。结合有关企业推行施工项目管理的实际，一般按项目的使用性质和规模分类。只有当施工项目的规模达到以下要求时才实行施工项目管理：1万平方米以上的公共建筑、工业建筑、住宅建设小区及其他工程项目投资在500万元以上的工程项目，均实行项目管理。有些试点单位把项目经理部分为下述三个等级：

（1）一级施工项目经理部：建筑面积为15万平方米以上的群体工程；面积在10万平方米以上（含10万平方米）的单体工程；投资在8000万元以上（含8000万元）的各类工程项目。

（2）二级施工项目经理部：建筑面积在15万平方米以下、10万平方米以上（含10万平方米）的群体工程；面积在10万平方米以上、5万平方米以上（含5万平方米）的单体工程；投资在8000万元以下3000万元以上（含3000万元）的各类施工项目。

（3）三级施工项目经理部：建设总面积在10万平方米以下、2万平方米以上（含2万平方米）的群体工程；面积在5万平方米以下、1万平方米以上（含1万平方米）的单体工程；投资在3000万元以下、500万元以上（含500万元）的各类施工项目。

建设总面积在2万平方米以下的群体工程以及面积在1万平方米以下的单体工程，按照项目管理经理责任制有关规定，实行栋号承包。承包栋号的队伍以栋号长为承包人，直接向公司（或工程部）经理负责。

（五）项目经理的作用及职责

（1）项目经理是企业法人在工程项目管理中的全权代表，是项目管理决策的关键人物，是项目实施的最高责任者和组织者。

（2）项目经理的主要作用：①领导者作用，项目施工的重要特征是项目经理负责制，在工程项目管理中，项目经理是最高领导者，起核心作用；②协调者作用，项目经理在项目管理中负责全面协调工作，即将各种汇集到工程项目的指令、信息、计划、方案、制度等，通过协商、调度、运筹，使其配合得当；③管理者作用，项目经理本人的专业知识、思想素质、管理作风、管理能力、管理思想和管理艺术在项目管理中具有关键性作用；④决策者作用，项目经理在工程项目管理中，根据信息，抓住机遇，选择最佳时机，提出合适方案，做出正确决策，并在实际工作中贯彻执行。

（3）项目经理的基本职责：①确保项目目标实现，保证业主满意；②制定项目阶段性目标和项目总体控制计划；③组织精干的项目管理班子，并全面领导其工作；④对重大问题及时决策；⑤履行合同义务，监督合同执行；⑥在项目内部实施组织、计划、指导、协调和控制。

二、任务实施

（一）分析施工项目经理部的组成

（1）项目部设项目经理、技术负责人，下设工程管理部、质量安全部、技术部、材料设备部、计划财务部及综合办公室六个职能部门。

（2）工程管理部：为日常施工指挥、调度中心，负责工程计划的编制和实施、劳动力配置、协调各班组的施工进度。

（3）质量安全部：负责工程全面质量管理及工程质量事故的处理工作；进行分部、分项工程的自我评定，指导施工区做好各环节的工序质量验收工作；建立工程质量档案，定期向项目总工和上级质量检验部门上报质量情况；负责工程现场安全文明生产宣传、检查、监督等工作。

（4）技术部：由技术负责人总负责工程的技术问题的处理；进行工程的设计交底、施工技术交底，指导和协调工程测量与工地试验室的工作；负责工程技术资料、验收资料的收集、整理、存档工作。

（5）材料设备部：负责编制和实施材料和设备进场计划，根据施工进度分批组织材料采购供应；负责工程材料的发放和管理；负责设备的使用、维修和日常保养。

（6）计划财务部：负责项目部日常财务工作、统筹安排项目总体施工进度计划。

（7）综合办公室：负责对外宣传、接待、协调工作、文印及项目部其他事务性工作。

（二）明确施工项目经理部的部门设置和人员配备

1. 部门的设置

项目经理部一般应建立"五部一室"，即技术部、工程部、质量部、经营部、物资部及综合办公室等。复杂及大型的项目还可增设机电部。

2. 人员配备

项目经理部可以按项目经理、项目工程师、施工员、质检员、预算员、材料员、安全员、机管员、内业资料员、总务员等配备，实行全面管理，不留死角，可采用一职多岗，所有岗位职责需覆盖项目施工全过程。

（三）编制项目经理部的建立步骤和运行

1. 项目经理部设立的步骤

（1）根据企业批准的项目管理规划大纲，确定项目经理部的管理任务和组织形式；

（2）确定项目经理部的层次，设立职能部门与工作岗位；

（3）确定人员、职责、权限；

（4）由项目经理根据项目管理目标责任书进行目标分解；

（5）组织有关人员制定规章制度和目标责任考核、奖惩制定。

2. 项目经理部的运行

(1) 项目经理应组织项目经理部成员学习项目的规章制度，检查执行情况和效果，并应根据反馈信息改进管理。

(2) 项目经理应根据项目管理人员岗位责任制度，对管理人员的责任目标进行检查、考核和奖惩。

(3) 项目经理部应对作业队伍和分包人实行合同管理，并应加强控制与协调。

(4) 项目经理部解体应具备下列条件：工程已经竣工验收；与各分包单位已经结算完毕；已协助企业管理层与发包人签订了工程质量保修书；已与企业管理层办理了有关手续；现场最后清理完毕。

三、学习效果评价反馈

（一）学生自评

根据对施工项目经理部的认识，完成下列问题：

(1) 施工管理的概念是什么？

(2) 施工管理的任务是什么？

(3) 施工管理的主要内容有哪些？

(4) 施工项目经理部的定义是什么？

(5) 施工项目经理部的作用是什么？

(6) 项目经理部的组成是什么？

(7) 施工项目经理部部门设置和人员配备是怎样的？

(8) 施工项目经理部各岗位的职责是怎样的？

(9) 项目经理的作用及职责是怎样的？

（二）学习小组评价

班级：_____ 姓名：_____ 学号：_____

学习内容	分值	评价内容	得分
基础知识	30	施工管理的概念；施工管理的任务；施工管理的主要内容；施工项目经理部的定义；施工项目经理部的作用；施工项目经理部部门设置和人员配备；施工项目经理部各岗位的职责；项目经理的作用及职责	
应会技能	10	能明确施工项目经理部的作用	
	20	能理解施工项目经理部的组成	
	10	能说明施工项目经理部人员设置及职责	
	20	会编写施工项目经理部的建立步骤	
学习态度	10		
合计	100		

学习小组组长签字： 年 月 日

(三) 任课教师评价

班级：_____ 姓名：_____ 学号：_____

评价内容	分值	简　评	得分	教师签字
准备工作情况	20			
课堂表现情况	30			
任务完成质量	30			
团结协作精神	20			
合计	100			
备注			年　月　日	

任务二　施工现场技术管理

☞ **学习目标：**

1. 掌握施工现场技术管理的概念；
2. 熟悉施工现场技术管理的任务和原则；
3. 了解施工技术管理的基础工作；
4. 熟悉施工技术管理的业务工作；
5. 熟悉施工现场技术管理的内容；
6. 了解施工现场技术管理制度。

一、相关知识

（一）施工现场技术管理

1. 定义

施工现场技术管理就是对现场各项技术活动、技术工作以及与技术相关的各种生产要素进行计划、实施、总结和评价的系统管理活动。搞好技术管理工作，有利于提高企业技术水平，充分发挥现有设备能力，提高劳动生产率，降低生产成本，提高企业管理效益，增强施工企业的竞争力。

2. 施工技术管理组织机构

施工活动必须充分发挥施工企业技术和管理的整体优势，因此，施工企业应建立以总工程师为首的技术管理组织机构。图4-1为某施工企业技术管理组织机构。

（二）施工现场技术管理制度

1. 技术标准及技术规范

项目施工过程中，应严格遵守、贯彻国家和地方颁发的技术标准和技术规范以及各种原材料、半成品、成品的技术标准和相应的检验标准。认真执行公司有关技术管理规定，

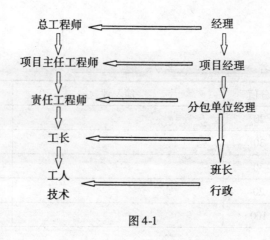

图 4-1

认真按设计图纸进行施工,严禁违规违章。

2. 施工图认读及会审

项目部接到图纸后,应组织技术人员、现场施工人员等认读图纸,明确各专业的相互关系和对设计单位的要求,做好自审记录,并按会审图纸管理规定,办妥会审登记手续。

3. 组织设计或方案

施工项目开工前必须编制施工组织设计,并按有关规定分级编审施工组织设计文件,并应在施工过程中认真组织贯彻执行。

4. 施工技术交底

施工前,必须认真做好技术交底工作,使项目部施工人员熟悉和了解设计及技术要求、施工工艺和应注意的事项以及管理人员的职责要求;交底以书面及口头同时进行,并做好记录及交底人、被交底人签字。

5. 施工中的测量、检验和质量管理

(1) 施工中组织专人负责放线、标高控制,并有专人负责复核记录归档。

(2) 测量仪器应有专人使用和管理,并定期检验,严禁使用失准仪器;

(3) 原材料、半成品、成品进场要提供供应厂家生产及销售资质文件、出厂合格证、化验单及检验报告等,并由主管技术人员及质安员验收核实后方能使用;

(4) 严格按照国家规定、技术规范、技术要求,对需复检、复验项目予以复检、复验,并如实填写结果;

(5) 正确执行计量法令、标准和规范,如施工组织设计、计划、技术资料、公文、标准及各种施工设计文件等。

6. 设计变更及材料代用

施工图纸的修改、设计变更或建设单位的修改通知需经各方签证后,方可作为施工及结算的依据。

7. 施工日志

施工现场应指定专人填写当日有关施工活动的综合记录,主要内容包括当日气候、气温、水电供应;施工情况、治安情况;材料供应及机具情况;施工、技术、项目变更内容。

8. 技术资料档案管理

（1）施工现场技术资料应由专人负责收集整理，并应与施工进度同步收集整理，其记载内容应与实际相符，做到准确、齐全、整洁；

（2）有关人员必须在资料指定位置上签名、盖章，并注明日期，手续齐全的资料方可作为有效资料收集整理；

（3）应严格执行有关城市建设档案管理条例和相关保密规定，及时进行工程施工档案的收集和管理。

（三）施工技术管理的基础工作

1. 建立技术责任制

技术责任制是指将施工单位的全部技术管理工作分别落实到具体岗位（或个人）和具体的职能部门，使其职责明确，并制度化。

建立各级技术负责制，必须正确划分各级技术管理权限，明确各级技术领导的职责。施工单位内部的技术管理实行公司和工程项目部两级管理。公司工程管理部设技术管理室、科研室、试验室、计量室，在总工程师领导下进行技术、科研、试验、计量和测量管理工作。工程项目部设工程技术股，在项目经理和主任工程师领导下进行施工技术工作。总工程师、主任工程师是技术行政职务，是同级行政领导成员，分别在总经理、项目部经理的领导下全面负责技术工作，对本单位的技术问题，如施工方案、各项技术措施、质量事故处理、科技开发和改造等重大问题有决定权。

2. 贯彻技术标准和技术规程

（1）技术标准：

①建筑安装工程施工及验收规范；

②建筑安装工程质量检验及评定标准；

③建筑安装材料、半成品的技术标准及相应的检验标准。

（2）技术规程：

①施工工艺规程；

②施工操作规程；

③设备维护和检修规程；

④安全操作规程。

技术标准和技术规程一经颁发，就必须严格执行。但是技术标准和技术规程不是一成不变的，随着技术和经济发展，要适时地对它们进行修订。

3. 施工技术管理制度

施工技术管理制度包括如下几项：

①图纸学习和会审制度；

②施工项目管理规划制度；

③技术交底制度；

④施工项目材料、设备检验制度；

⑤工程质量检查验收制度；

⑥技术组织措施计划制度；

⑦工程施工技术资料管理制度；

⑧其他技术管理制度。

4. 建立健全技术原始记录

技术原始记录包括材料、构配件、建筑安装工程质量检验记录、质量、安全事故分析和处理记录、设计变更记录和施工日志等。技术原始记录是评定产品质量、技术活动质量及产品交付使用后制定维修、加固或改建方案的重要技术依据。

5. 建立工程技术档案

工程技术档案是记录和反映本单位施工、技术、科研等活动，具有保存价值，并且按一定的归档制度，作为真实的历史记录集中保管起来的技术文件材料。建筑企业的技术档案是指有计划地、系统地积累具有一定价值的建筑技术经济资料，它来源于企业的生产和科研活动，反过来又为生产和科研服务。

建筑企业技术档案的内容可分两大类：一类是为工程交工验收而准备的技术资料，作为评定工程质量和使用、维护、改造、扩建的技术依据之一；另一类是企业自身要求保留的技术资料，如施工组织设计、施工经验总结、科学研究资料、重大质量安全事故的分析与处理措施、有关技术管理工作经验总结等，作为继续进行生产、科研以及对外进行技术交流的重要依据。

（四）施工技术管理的业务工作

1. 技术交底与图纸会审

技术交底是施工单位技术管理的一项重要制度，它是指开工前，由上级技术负责人就施工中有关技术问题向执行者进行交代的工作。其目的是使施工的人员对工程及其技术要求做到心中有数，以便科学地组织施工和按合理的工序、工艺进行作业。要做好技术交底工作，必须明确技术交底的内容，并搞好技术交底的分工。

技术交底的内容包括：

（1）图纸交底，目的是使施工人员了解施工工程的设计特点、做法要求、抗震处理、使用功能等，以便掌握设计关键，认真按图施工。

（2）施工组织设计交底，要将施工组织设计的全部内容向施工人员交代，以便掌握工程的特点、施工部署、任务划分、施工方法、施工进度、各项管理措施、平面布置等，用先进的技术手段和科学的组织手段完成施工任务。

（3）设计变更和洽商交底，将设计变更的结果向施工人员和管理人员做统一的说明，便于统一口径，避免差错。

（4）分项工程技术交底主要包括施工工艺，技术安全措施，规范要求，质量标准，新结构、新工艺、新材料工程的特殊要求等。

图纸会审是指开工前由设计部门、监理单位和施工企业三方面对全套施工图纸共同进行的检查与核对。图纸会审的目的是领会设计意图，明确技术要求，熟悉图纸内容，并及早消除图纸中的技术错误，提高工程质量。图纸会审的主要内容有：①建筑结构与各专业图纸是否有矛盾，结构图与建筑图尺寸是否一致，是否符合制图标准；主要尺寸、标高、轴线、孔洞、预埋件等是否有错误。②设计地震烈度是否符合当地要求，防火、消防是否满足要求。③设计假定与施工现场实际情况是否相符。④材料来源有无保证，能否替换；施工图中所要求的新技术、新结构、新材料、新工艺应用有无问题。⑤施工安全、环境卫生有无保证。⑥某些结构的强度和稳定性对安全施工有无影响。

2. 编制施工组织设计

在施工前,对拟建工程对象从人力、资金、施工方法、材料、机械五方面在时间、空间上做科学合理的安排,使施工能安全生产、文明施工,从而达到优质、低耗地完成建筑产品,这种用来指导施工的技术经济文件称为施工组织设计。

施工技术组织措施的内容包括:加快施工进度的措施;保证提高工程质量的措施;节约原材料、动力、燃料的措施;充分利用地方材料,综合利用废渣、废料的措施;推广新技术、新结构、新工艺、新材料、新设备的措施;改进施工机械的组织管理,提高机械的完好率和利用率的措施;改进施工工艺和操作技术,提高劳动生产率的措施;合理改善劳动组织,节约劳动力的措施;保证安全施工的措施;发动群众提合理化建议的措施;各项技术、经济指标的控制数字。

3. 材料检验

材料检验是指对进场的原材料用必要的检测仪器设备进行检验。因为建筑材料质量的好坏直接影响建筑产品的优劣,所以企业建立健全材料试验及检验材料,严把质量关,才能确保工程质量。

凡施工用的原材料,如水泥、钢材、砖、焊条等,都应有出厂合格证明或检验单;对混凝土、砂浆、防水胶结材料及耐酸、耐腐、绝缘、保温等配合的材料或半成品,均要有配合比设计及按规定制定试块检验;对预制构件,预制厂要有出厂合格证明,工地可作抽样检查;对新材料、新的结构构件、代用材料等,要有技术鉴定合格证明,才能使用。

施工企业要加强对材料及构配件试验检验工作的领导,建立试验、检验机构,配备试验人员,充实试验、检验仪器设备,提高试验与检验的质量。钢筋、水泥、砖、焊条等结构用材料,除应有出厂证明外,还必须根据规范和设计要求进行检验。

4. 施工过程的质量检查和工程质量验收

为了保证工程质量,在施工过程中,除根据国家规定的《建筑安装工程质量检验评定标准》逐项检查操作质量外,还必须根据建筑安装工程的特点,对以下几方面进行检查和验收:

(1)施工操作质量检查:有些质量问题是由于操作不当导致,因此必须实施施工操作过程中的质量检查,发现质量问题及时纠正。

(2)工序质量交接检查:工序质量交接检查是指前一道工序质量经检查签证后方能移交给下一道工序。

(3)隐蔽工程检查验收:隐蔽工程检查与验收是指对本道工序操作完成后将被下道工序所掩埋、包裹而无法再检查的工程项目,在隐蔽前所进行的检查与验收,如钢筋混凝土中的钢筋,基础工程中的地基土质和基础尺寸、标高等。

(4)分项工程预先检查验收:一般是在某一分项工程完工后,由施工队自己检查验收。但对主体结构、重点、特殊项目及推行新结构、新技术、新材料的分项工程,在完工后应由监理、建设、设计和施工共同检查验收,并签证验收记录,纳入工程技术档案。

(5)工程交工验收:在所有建设项目和单位工程规定内容全部竣工后,进行一次综合性检查验收,评定质量等级。交工验收工作由建设单位组织,监理单位、设计单位和施工单位参加。

（6）产品保护质量检查：产品保护质量检查即对产品采取"护、包、盖、封"。护，是指提前保护；包，是指进行包裹，以防损伤或污染；盖，是指表面覆盖，防止堵塞、损伤；封，是指局部封闭，如楼梯口等。

5. 技术复核与技术核定

技术复核是指在施工过程中对重要部位的施工，依据有关标准和设计的要求进行复查、核对工作。技术复核的目的是避免在施工中发生重大差错，保证工程质量。技术复核一般在分项工程正式施工前进行。复核的内容视工程情况而定，一般包括：建筑物坐标，标高和轴线，基础和设备基础，模板，钢筋混凝土和砖砌体，大样图、主要管道和电气等。

技术核定是指在施工前和施工过程中，必须修改原设计文件时应遵循的权限和程序。当施工过程中发现图纸仍有差错，或因施工条件变化需进行材料代换、构件代换以及因采用新技术、新材料、新工艺及合理化建议等原因需变更设计时，应由施工单位提出设计修改文件。

二、任务实施

（一）明确施工现场技术管理的任务和原则

1. 施工技术管理的任务

建筑企业技术管理的基本任务是：正确贯彻执行国家的各项技术政策、标准和规定，科学地组织各项技术工作，建立正常的生产技术秩序，充分发挥技术人员和技术装备的作用，不断改进原有技术和采用先进技术，保证工程质量，降低工程成本，推动企业技术进步，提高经济效益。

2. 技术管理工作应遵循的原则

（1）按科学技术的规律办事，尊重科学技术原理，尊重科学技术本身的发展规律，用科学的态度和方法进行技术管理。

（2）讲究技术工作的经济效益。技术和经济是辩证统一的，先进的技术应带来良好的经济效益，良好的经济效益又依靠先进技术。因此，在技术管理中应该把技术工作与经济效益联系起来，全面地分析、核算，比较各种技术方案的经济效果。有时，新技术、新工艺和新设备在研制和推广初期，可能经济效果欠佳，但是，从长远来看，可能具有较大的经济效益，应该通过技术经济分析，择优决策。

（3）认真贯彻国家的技术政策和建筑技术政策纲要，执行各项技术标准、规范和规程，并在实际工作中，从实际出发，不断完善和修订各种标准、规范和规程，改进技术管理工作。

（二）编写施工现场技术管理的内容

工程施工是一项复杂的分工种操作的综合过程，技术管理所包括的内容比较多，其主要内容有以下两个方面：

1. 经常性的技术管理工作

（1）施工图的审查与会审；

（2）编制施工组织设计；

（3）组织技术交底；

（4）工程变更和洽商；
（5）制定技术措施和技术标准；
（6）建立技术岗位责任制；
（7）进行技术、材料和半成品的试验与检测；
（8）贯彻技术规范和规程；
（9）进行技术情报、技术交流和技术档案收集整理工作；
（10）监督与执行施工技术措施，处理技术问题等。

2. 开发性的技术管理工作
（1）根据施工的需要，制定新的技术措施；
（2）进行技术革新；
（3）开展新技术、新结构、新材料、新工艺和新设备的试验研究及开发；
（4）制定科学研究和挖潜、改造规划；
（5）组织技术培训等。

三、学习效果评价反馈

（一）学生自评
根据对施工现场技术管理的认识，完成下列问题：
（1）何谓技术管理？其基本任务是什么？
（2）施工现场技术管理的内容有哪些？
（3）施工现场技术管理的基础工作和业务工作分别包括哪些？
（4）技术交底和图纸会审的作用有哪些？
（5）施工过程的质量检查和工程质量验收包括哪些？

（二）学习小组评价

班级：_____ 姓名：_____ 学号：_____

学习内容	分值	评价内容	得分
基础知识	30	施工现场技术管理的概念；施工现场技术管理的任务和原则；施工现场技术管理的内容；施工技术管理组织机构	
应会技能	10	能明确技术交底的作用和内容	
	20	知道施工过程的质量检查和工程质量验收的内容	
	10	懂得材料检验包括哪些内容	
	20	会编写施工现场技术管理的内容	
学习态度	10		
合计	100		
学习小组组长签字：			年　月　日

(三) 任课教师评价

班级：_____ 姓名：_____ 学号：_____

评价内容	分值	简 评	得分	教师签字
准备工作情况	20			
课堂表现情况	30			
任务完成质量	30			
团结协作精神	20			
合计	100			
备注			年 月 日	

任务三 施工现场机械设备、料具管理

☞ 学习目标：

1. 掌握施工现场机械设备管理制度；
2. 了解机械设备安全措施；
3. 了解安全教育制度；
4. 掌握施工现场机械设备使用管理；
5. 熟悉机械设备维修保养；
6. 掌握施工现场料具管理制度；
7. 掌握施工现场料具管理方法。

一、相关知识

(一) 施工现场机械设备管理

1. 定义

施工机械设备管理是按照机械设备的特点，在项目施工生产活动中，为了解决好人、机械设备和施工生产对象的关系，使之充分发挥机械设备的优势，获得最佳的经济效益，而进行的组织、计划、指挥、监督和调节等工作。

2. 施工现场机械设备管理制度

(1) 机械设备的使用应贯彻"管理结合、人机固定"的原则。按设备性能合理安排、正确使用，充分发挥设备效能，保证安全生产。

(2) 各级机械设备管理人员、操作人员应严格执行上级部门、本单位制定的各项机械设备管理规定，遵守安全操作规程，经常检查安全设施、安全规程的执行情况以及劳动保护用品的使用情况，发现问题及时指出，并加以解决。

(3) 坚持持证上岗，严禁无操作证者上机作业，持实习证者不准单独顶班作业。

（4）不是本人负责的设备，未经领导同意，不得随意上机操作。

（5）现场设备（含临时停放设备）均应有防雨、防晒、防水、防盗、防破坏措施，并实行专人负责管理。

（6）机械设备的安装应严格遵守安装要求，遵守操作规程。安装场地应坚实平整。起重类机械严禁超载使用，确保设备及人身安全。

（7）设备安装完毕后，应进行运行安全检查及性能试验，经试运转合格、专业职能人员检验签认后方可投入使用。

3. 机械设备安全措施

（1）各种施工机械应制定使用过程中的定期检测方案，并如实填写施工机械安装、使用、检测、自检记录。

（2）在机械设备进场前，应结合现场情况，做好安装、调试等部署规划，并绘制出现场机械设备平面布置图。

（3）机械设备安装前要进行一次全面的维修、保养、检修，达到安全要求后再进行安装，并按计划实施日常保养、维修。

（4）机械设备操作人员的配备应保持相对稳定，严格执行定人、定机、定岗位，不得随意调动、顶班。

（5）操作人员严格执行例保制度，凡不按规定执行者均按违章处理。

（6）大型设备应由建设局及相关劳动部门检验认可，才能租赁、安装、使用。

（7）各种机械设备在移动、清理、保养、维修时，必须切断电源，并设专人监护，在设备使用间隙或停电后，必须及时切断电源，挂停用标志牌。

（8）凡因违章、违纪而发生机械人身伤亡事故者，都要查明事故原因及责任，按照"三不放过"的原则，严肃处理。

4. 安全教育制度

（1）机械设备安全操作使用知识，必须纳入"三级教育"内容。

（2）机械设备操作人员必须经过专门的安全技术教育、培训，并经考试合格后，方能持证上岗，上岗人员必须定期接受再教育。

（3）安全教育要分工种、分岗位进行。教育内容包括：安全法规、本岗位职责、现场其他标准、安全技术、安全知识、安全制度、操作规程、事故案例、注意事项等，并有教育记录，归档备查。

（4）执行班级每日班前讲话制度，并结合施工季节、施工环境、施工进度、施工部位及易发生事故的地点等，做好有针对性的分部分项案例技术交底工作。

（5）各项培训记录、考核试卷、标准答案、考核人员成绩汇总表，均应归档备查。

5. 施工现场机械设备使用管理

（1）为了合理使用机械设备，重复发挥机械效率，安全完成施工生产任务，提高经济效益，机械设备使用要求做到管用结合，合理使用，施工部门与设备部门应密切配合。

（2）制定施工组织设计方案，合理选用机械，从施工进度、施工工艺、工程量等方面做到合理装备，不要大机小用。结合施工进度，利用施工间隙，安排好机械的维护保养，避免失修失保和不修不保，应使机械保持良好状况，以便能随时投入使用。

（3）严格按机械设备说明书的要求和安全操作规程使用机械。操作人员做到"四懂三会",即懂结构、懂原理、懂性能、懂用途和会操作、会维护保养、会处理一般故障。

(4) 正确选用机械设备润滑油,必须严格按照说明书规定的品种、数量、润滑点、周期加注或更换,做到"五定",即定人、定时、定点、定量、定质。

(5) 协调配合,为机械施工作业创造条件,提高机械使用效果,必须做到按规定间隔期对机械进行保养,使之始终处于良好状况。合理组织施工,增加作业时间,提高时间利用率。提高技术水平和熟练程度,配备适当的维修人员排除故障。

6. 机械设备维修保养

(1) 机械维修保养的指导思想是以预防为主,根据各种机械的规律、结构以及各种条件和磨损规律制定强制性的制度。机械的技术维修保养,按作业时间的不同,可分为定期保养和特殊保养两类,定期保养有日常保养和分级保养;特殊保养有跑合保养、换季保养、停用保养和封存保养等。

(2) 分级保养一般按机械的运行时数来划分熬夜级别内容,而特殊保养一般是根据需要临时安排或列入短期计划进行的,也可结合定期保养进行,如停用保养、换季保养等。

(3) 日常保养是操作人员在上下班和交接班时间进行保养作业,其内容为清洁、润滑、调整、紧固、防腐。重点是润滑系统、冷却系统、过滤系统、转向及行走系统、制动及安全装置等部位的检查调整。日常保养项目和部位较少,且大多数在机器外部,但都是易损及要害部位。日常保养是确保机械正常运行的基本条件和基础工作。

(4) 一级保养除进行日常保养的各作业项目外,还包括:

①清洗各种滤清器;

②查看各处油面、水面和注油点,若有不足时,应及时添加;

③清除油箱、火花塞等污垢;

④清除漏水、漏油、漏电现象;

⑤调整皮带传动和链传动的松紧度;

⑥检查和调整各种离合器、制动器、安全保护装置和操纵机构等,保持其灵敏有效;

⑦检查钢丝绳有无断丝,其连接及固定是否安全可靠;

⑧检查各系统的传动装置是否出现松动、变形、裂纹、发热、异响、运转异常等,发现后及时修复、排除。

(5) 在一般情况下,日常保养和一级保养由机械操纵人员负责进行,而维修人员负责二级以上的保养工作。

(二) 建筑现场料具管理

1. 施工现场料具管理制度

(1) 材料验收登记制度。工地材料员对进场、进库的各种材料、工具、构件等办理验收手续,检验其出厂合格证(或检验报告),并填写规格、数量。施工现场应建立材料进场登记记录,包含日期、材料名称、规格型号、单位、数量、供货单位、检验状态、收料人等。对不符合质量、数量或规格要求的料具,材料员除拒绝验收外,还应建立相应记录。

(2) 限额领料和退料制度。施工现场应明确限额领料的材料范围,规定剩余材料限时退回。领、退料均必须办理相关手续,注明用料单位工程和班组、材料名称、规格、数量及时间、批准人等。材料领发后,材料员应按保管和使用要求对班组进行跟踪检查和监督。现场限额领料登记应包含日期、材料名称、规格数量、单位、定额(领用)数量、节超记录、使用班组、领料人等。

2. 施工现场材料管理规定

(1) 施工现场外临时存放材料,需经有关部门批准,并应按规定办理临时占地手续。材料要码放整齐,符合要求,不得妨碍交通和影响市容,堆放散料时应进行围挡,围挡高度不得低于0.5m。

(2) 贵重物品,易燃、易爆和有毒物品,应及时入库,专库专管,增加明显标志,并建立严格的管理规定和领、退料手续。

(3) 材料场应有良好的排水措施,做到雨后无积水,防止雨水浸泡和雨后地基沉降,造成材料的损失。

(4) 材料现场应划分责任区,分工负责以保持材料场的整齐洁净。

(5) 材料进、出施工现场,要遵守门卫的查验制度。进场要登记,出场有手续。

(6) 材料出场必须由材料员出具材料调拨单,门卫核实后方准出场。调拨单交门卫一联保存备查。

二、任务实施

(一) 分析施工现场机械设备、料具管理的内容

(二) 编制施工现场机械设备、料具管理任务

为规范项目机械设备及料具运用和管理,建立健全机械设备及料具管理机构和管理制度,以经济效益为中心,提高机械设备管理水平,特制定本管理实施计划。

1. 施工机械设备管理的任务

(1) 根据"技术上先进,经济上合理,施工上适用、安全可靠"的原则选购机械设备,为项目提供优良的技术设备。

(2) 推广先进的管理方法和制度,加强保养维修工作,减轻机械设备磨损,保证机械设备始终处于良好的技术状态。

(3) 根据项目施工需要,做好机械设备的供应、平衡、调剂、调度等工作,同时教育机务职工正确使用,确保安全,主动服务,方便施工。

(4) 做好日常管理工作,包括机械设备验收、登记、保管工作,运转记录,统计报表,技术档案工作;备品配件和节能工作;技术安全工作等。

(5) 做好机械设备的改造和更新工作,提高机械设备的现代化水平。

(6) 做好机械设备的经济核算工作。

(7) 做好机务职工的技术培训工作。

2. 施工现场料具管理任务

(1) 做好施工现场物资管理规划,设计好总平面图,做好预算,提出现场料具管理目标。

(2) 按施工进度计划组织料具分批进场,既要保证需要,又要防止过多占用储存场地,更不能形成大批工程剩余。

(3) 按照各种料具的品种、规格、质量、数量要求,对进场料具进行严格检查、验

收,并按规定办理验收手续。

(4) 按施工总平面图要求存放料具,既要方便施工,又要保证道路畅通,在安全可靠的前提下,尽量减少二次搬运。

(5) 按照各种物资的自然属性进行合理码放和储存,采取有效的措施进行保护,数量上不减少,质量上不降低使用价值;要明确保管责任。

(6) 按操作者所承担的任务对领料数量进行严格控制。

(7) 按规范要求和施工使用要求,对操作者手中料具进行检查,监督班组合理使用,厉行节约。

(8) 用实物量指标对消耗料具进行记录、计算、分析和考核,以反映实际消耗水平,改进料具管理。

三、学习效果评价反馈

(一)学生自评

根据对施工现场机械设备、料具管理的认识,完成下列问题:

(1) 施工现场机械管理的概念是什么?
(2) 施工现场机械设备管理制度是什么?
(3) 机械设备的安全措施有哪些?
(4) 施工现场机械设备使用管理有哪些?
(5) 机械设备的维修保养方法是什么?
(6) 施工项目料具管理制度有哪些?

(二)学习小组评价

班级:_____ 姓名:_____ 学号:_____

学习内容	分值	评价内容	得分
基础知识	30	施工现场机械设备管理概念;施工现场机械设备管理制度;施工现场机械设备使用管理;机械设备的维修保养方法;施工项目料具管理制度	
应会技能	10	能明确施工现场机械设备管理内容	
	20	能叙述施工现场机械设备管理方法	
	10	能明确施工现场料具管理内容	
	20	能叙述施工现场料具管理方法	
学习态度	10		
合计	100		
学习小组组长签字:			年 月 日

(三) 任课教师评价

班级：_____ 姓名：_____ 学号：_____

评价内容	分值	简　评	得分	教师签字
准备工作情况	20			
课堂表现情况	30			
任务完成质量	30			
团结协作精神	20			
合计	100			
备注			年　月　日	

任务四　施工现场安全生产管理

☞ 学习目标：

1. 掌握安全生产的概念；
2. 了解施工现场安全管理制度的内容；
3. 了解安全控制的方针和目标；
4. 掌握施工现场安全管理措施；
5. 明确施工现场安全生产的重要性；
6. 掌握施工现场安全生产管理内容。

一、相关知识

(一) 安全生产的概念

安全生产，是指在生产经营活动中，为避免造成人员伤害和财产损失的事故而采取相应的事故预防和控制措施，以保证从业人员的人身安全，保证生产经营活动得以顺利进行的相关活动。

(二) 安全控制的方针与目标

1. 安全控制的方针

安全控制的目的是为了安全生产，因此安全控制的方针也应符合安全生产的方针，即"安全第一，预防为主"。

"安全第一"是把人身的安全放在首位，生产必须保证人身安全，充分体现了"以人为本"的理念。

"预防为主"是实现"安全第一"的最重要手段，采取正确的措施和方法进行安全控制，从而减少甚至消除事故隐患，尽量把事故消灭在萌芽状态，这是安全控制最重要的思想。

2. 安全控制的目标

安全控制的目标是减少和消除生产过程中的事故，保证人员健康安全和财产免受损失，具体包括：

（1）减少或消除人的不安全行为的目标。

（2）减少或消除设备、材料的不安全状态的目标。

（3）改善生产环境和保护自然环境的目标。

（4）安全管理的目标。

（三）施工现场安全管理制度

为了进一步提高施工现场安全生产工作的管理水平，保障职工的生命安全和施工作业的顺利进行，特制定以下制度：

（1）贯彻执行"安全第一，预防为主"的方针，坚持管生产必须管安全的原则。

（2）开工前，在施工组织设计（或施工方案）中，必须有详细的施工平面布置图，运输道路、临时用电线路布置等工作的安排，均要符合安全要求。

（3）现场四周应有与外界隔离的围护设置，入口处应设置施工现场平面布置图，安全生产记录牌、工程概况牌等有关安全的设备。

（4）现场排水要有全面规划，排水沟应经常清理疏通，保持流畅。

（5）道路运输平坦，并保持畅通。

（6）现场材料必须按现场布图规定的地点分类堆放整齐、稳固。作业中留置的木材、钢管等剩余材料应及时清理。

（7）施工现场的安全施工，如安全网、护杆及各种限制保险装置等，必须齐全有效，不得擅自拆除或移动。

（8）施工现场的配电、保护装置以及避雷保护、用电安全措施等，要严格按照规定进行。

（9）用火用电和易爆物品的安全管理、现场消防设施和消防责任制度等应按消防要求周密考虑和落实。

（10）现场临时搭设的仓库、宿舍、食堂、工棚等都要符合安全、防火的要求。

（四）施工项目安全管理措施

1. 施工项目安全管理组织措施

（1）建立施工项目安全组织系统——项目安全管理委员会。

（2）建立与施工项目安全组织系统相配套的各专业、部门、生产岗位的安全责任系统。

（3）建立安全生产责任制。安全生产责任制是指企业对项目经理部各级领导、各个部门和各类人员所规定的在他们各自职责范围内对安全生产应负责任的制度。安全生产责任制应根据"管生产必须管安全"、"安全生产人人有责"的原则，明确各级领导、各职能部门和各类人员在施工生产活动中应负的安全责任，其内容应充分体现责、权、利相统一的原则。

2. 施工安全技术工作措施

施工安全技术工作措施是指为防止工伤事故和职业病的危害，从技术上采取的措施。在工程项目施工中，针对工程特点、施工现场环境、施工方法、劳力组织、作业方法使用的机械、动力设备、变配电设施、架设工具以及各项安全防护设施等制定的确保安全施工的预防措施，称为施工安全技术措施。

施工阶段安全控制要点如下：

（1）基础施工阶段：挖土机械作业安全，边坡防护安全，降水设备与临时用电安全，防水施工时的防火、防毒，人工挖扩孔桩安全。

（2）结构施工阶段：临时用电安全，内外架及洞口防护，作业面交叉施工，大模板和现场堆料防倒塌，机械设备的使用安全。

（3）装修阶段：室内多工种、多工序的立体交叉施工安全防护，外墙面装饰防坠落，做防水油漆的防火、防毒，临电、照明及电动工具的使用安全。

（4）季节性施工：雨季防触电、防雷击、防沉陷坍塌、防台风，高温季节防中暑、防中毒、防疲劳作业，冬季施工防冻、防滑、防火、防煤气中毒、防大风雪和防大雾。

3. 安全教育

安全教育主要包括安全生产思想、安全知识、安全技能和法制教育四个方面的内容。

（1）安全生产思想教育：主要包括思想认识的教育和劳动纪律的教育。

（2）安全知识教育：企业所有员工都应具备的安全基本知识。

（3）安全技能教育：结合本工种专业特点，实现安全操作、安全防护所必须具备的基本技能知识要求。

（4）法制教育：采取各种有效形式，对员工进行安全生产法律法规、行政法规和规章制度方面的教育，从而提高全体员工学法、知法、懂法、守法的自觉性，以达到安全生产的目的。

4. 安全检查与验收

（1）安全检查的内容：主要是查思想、查制度、查机械设备、查安全设施、查安全教育培训、查操作行为、查劳保用品使用、查伤亡事故的处理等。

（2）安全检查的方法：

①看：主要查看管理记录、持证上岗、现场标识、交接验收资料，"三宝"使用情况，"洞口"、"临边"防护情况以及设备防护装置等。

②量：主要是用尺进行实测实量。例如，测量脚手架各种杆件间距、塔吊轨道距离、电气开关箱安装高度、在建工程邻近高压线距离等。

③测：用仪器、仪表实地进行测量，例如，用水平仪测量轨道纵、横向倾斜度，用地阻仪遥测地阻等。

④现场操作：由司机对各种限位装置，如塔吊的力矩限制器、行走限位、龙门架的超高限位装置、翻斗车制动装置等进行实际动作，检验其灵敏程度。

（3）施工安全验收：验收程序如下：

①脚手架杆件、扣件、安全网、安全帽、安全带以及其他个人防护用品，应有出厂证明或验收合格的凭据，由项目经理、技术负责人和施工队长共同审验。

②各类脚手架、堆料架、井字架、龙门架和支搭的安全网、立网由项目经理或技术负责人申报支搭方案并牵头，会同工程和安全主管部门进行检查验收。

③临时电气工程设施由安全主管部门牵头，会同电气工程师、项目经理、方案制定人和安全员进行检查验收。

④起重机械、施工用电梯由安装单位和使用工地的负责人牵头，会同有关部门检查验收。

⑤工地使用的中小型机械设备由工地技术负责人和工长牵头，进行检查验收。

⑥所有验收必须办理书面确认手续，否则无效。

二、任务实施

（一）明确现场安全生产管理的重要性

通过对作业现场进行有效的监控管理，可及时发现、纠正和消除人的不安全行为、物的不安全状态和环境的不安全条件，减少或防止各类生产安全事故的发生；可促进全员参与改善作业环境，提高员工安全生产素质；可直观地展示企业管理水平和良好形象。其重要性主要体现在以下几方面：

（1）各种生产要素都要通过生产现场转化为生产力，所有这些都要通过对生产现场的有效管理才能实现。

（2）企业安全生产管理的主战场在生产作业现场。大约有90%的事故发生在生产现场。

（3）安全生产不只是安全部门和安全管理人员的责任，必须依靠现场所有的人来共同完成。

（4）提高企业安全绩效必须通过生产作业过程的优化和有效控制才能实现。

（二）编制施工现场安全生产管理内容

1. 人员现场管理

美国安全工程专家海因里希提出了1：29：300的伤亡事故发生的规律，即每300起生产安全事件中，会发生1起重伤或死亡事故，29起轻伤事故，300起无伤害事故，其中，80%甚至更高比率的事故是由于人员违章导致的。因此，人员现场安全生产管理的重点是作业人员合理组织和人机优化配置、作业时间合理安排及作业人员安全行为的约束和管理。

（1）根据作业性质要求，合理安排适宜的作业班组或人员去实施。

（2）根据劳动强度和人的生理等特点，合理安排工作时间，防止疲劳作业。

（3）现场管理人员严格执章，大胆管理，及时发现、制止、纠正和处理作业人员的违章违纪等一切不安全行为。

（4）改变作业人员被动管理的模式，引导和鼓励开展SC小组活动或其他形式的团队安全活动。

2. 设施设备现场管理

加强管、用、养、修，保持设施设备完好状态，这是现场安全生产管理的重要内容。企业应建立完善设备安全管理制度。员工应按规程正确使用设备设施，做好日常运行和故障记录，做到管理有序，操作规范，会使用、会维护、会检查、会排除故障。按规定做好设备的维护保养和检查、检测工作，特别是要加强安全装置的检查管理，确保设备处于完好状态。

3. 作业方法现场管理

（1）要选择、确定正确合理的工艺、方法，包括对工艺流程的安排，对作业环境条件、装备和工艺参数的选择。

（2）要在实际作业中分析、发现作业方法存在的不足或问题，尽量简化作业方法和动作，使作业方法更安全有效。

（3）要确保作业人员理解和掌握工艺方法、安全操作规程并严格落实。

4. 作业环境现场管理

作业环境现场管理就是要通过日常的整理、整顿、清扫、清洁、自律（5S活动），保持作业现场整洁有序与无毒无害，建立环境清洁安全、作业场地布局合理、设施设备保养完好、人机物流畅通、工艺纪律、操作习惯良好的文明工作环境，确保现场人员的安全和健康。

（三）编制施工现场安全技术措施计划

施工现场安全技术措施计划包括以下内容：

（1）工程概况。

（2）工程项目职业健康安全控制目标。

（3）控制程序。

（4）项目经理部职业健康安全管理组织机构及职责权限的分配。

（5）应遵循的规章制度。

（6）需配置的资源，如脚手架等安全设施。

（7）安全技术措施。应根据工程的特点、施工方法、施工程序、职业健康安全的法规和标准的要求，采取可靠的安全技术措施，消除安全隐患，保证施工的安全。以下情况应制定安全技术措施：

①对结构复杂、施工难度大、专业性强的项目，必须制定项目总体及单位工程或分部、分项工程的安全技术措施。

②对高空作业、井下作业、水上作业、水下作业、爆破作业、脚手架上空作业、有害有毒作业、特种机构作业等专业性强的施工作业，以及从事电气、压力容器、起重机、金属焊接、井下瓦斯检验等特殊工种的作业，应制定单项安全技术措施，并应对管理人员和操作人员的安全作业资格和身体状况进行合格审查。

③对于防火、防毒、防爆、防洪、防高空坠落、防交通事故、防环境污染等，均应编制安全技术措施。

（8）检查评价。应确定安全技术措施执行情况及施工现场安全情况检查评定的要求和方法。

（9）制定奖惩制度。

三、学习效果评价反馈

（一）学生自评

根据认知施工安全生产管理知识，完成下列问题：

（1）安全生产的定义是什么？

（2）安全生产目标和方针是什么？

（3）施工现场安全管理制度内容是什么？

（4）施工项目安全管理组织措施主要内容有哪些？

(5) 施工安全技术工作措施有哪些？
(6) 安全教育方法有哪些？
(7) 安全检查与验收内容和方法是什么？

（二）学习小组评价

班级：_____ 姓名：_____ 学号：_____

学习内容	分值	评价内容	得分
基础知识	30	安全生产的定义；安全生产的目标和方针；施工现场安全管理制度内容；施工现场安全管理措施；施工现场安全生产管理内容	
应会技能	10	能明确施工现场安全管理制度的内容	
	20	能叙述施工安全技术工作措施	
	10	能说明施工安全管理组织措施	
	20	会分析施工现场安全技术措施编制计划	
学习态度	10		
合计	100		
学习小组组长签字：		年 月 日	

（三）任课教师评价

班级：_____ 姓名：_____ 学号：_____

评价内容	分值	简评	得分	教师签字
准备工作情况	20			
课堂表现情况	30			
任务完成质量	30			
团结协作精神	20			
合计	100			
备注			年 月 日	

任务五　现场文明施工与环境管理

☞ 学习目标：

1. 熟悉施工现场文明施工的组织与管理措施；
2. 了解现场文明施工的基本要求；
3. 了解现场环境管理的目的和任务；
4. 熟悉施工现场环境保护与卫生管理要求；

5. 掌握施工现场文明施工与环境管理的方法；
6. 理解施工现场文明施工和环境保护的意义。

一、相关知识

（一）施工现场文明施工的组织与管理

1. 文明施工的组织和制度管理

（1）施工现场应成立以项目经理为第一责任人的文明施工管理组织。分包单位应服从总包单位的文明施工管理组织的统一管理，并接受监督检查。

（2）各项施工现场管理制度应有文明施工的规定，包括个人岗位责任制、经济责任制、安全检查制度、持证上岗制度、奖惩制度、竞赛制度和各项专业管理制度等。

（3）加强和落实现场文明检查、考核及奖惩管理，以促进施工文明管理工作提高。检查范围和内容应该全面周到，包括生产区、生活区、场容场貌、环境文明及制度落实等内容。对检查发现的内容应该采取整改措施。

2. 建立收集文明施工的资料及其保存的措施

（1）上级关于文明施工的标准、规定、法律法规等资料；

（2）施工组织设计中对文明施工的管理规定，各阶段施工现场文明施工的措施；

（3）文明施工自检资料；

（4）文明施工教育、培训、考核计划资料；

（5）文明施工活动各项记录资料。

3. 加强文明施工的宣传和教育

（1）在坚持岗位练兵基础上，要采取派出去、请进来、短期培训、上技术课、登黑板报、广播、看录像、看电视等方法狠抓教育工作；

（2）要特别注意对临时工的岗前教育；

（3）专业管理人员应熟悉掌握文明施工的规定。

（二）现场文明施工的基本要求

（1）施工现场必须设置明显的标牌，标明工程项目名称、建设单位、设计单位、施工单位、项目经理和施工现场总代表人的姓名，开、竣工日期，施工许可证批准文号等。施工单位负责施工现场标牌的保护工作。

（2）施工现场的管理人员在施工现场应当佩戴证明其身份的证卡。

（3）应当按照施工总平面布置图设置各项临时设施。现场堆放的大宗材料、成品、半成品和机具设备不得侵占场内道路及安全防护等设施。

（4）施工现场的用电线路、用电设施的安装和使用必须符合安装规范和安全操作规程，并按照施工组织设计进行架设，严禁任意拉线接电。

（5）施工机械应当按照施工总平面布置图规定的位置和线路设置，不得任意侵占场内道路。

（6）应保证施工现场道路通畅、排水系统处于良好的使用状态；保持场容场貌的整洁，随时清理建筑垃圾。

（7）施工现场的各种安全设施和劳动保护器具必须定期进行检查和维护，及时消除隐患，保证其安全有效。

（8）施工现场应当设置各类必要的职工生活设施，并符合卫生、通风、照明等要求。职工的膳食、饮水供应等应当符合卫生要求。

（9）应当做好施工现场安全保卫工作，采取必要的防盗措施，在现场周边设立围护设施。

（10）应当严格依照《中华人民共和国消防条例》的规定，在施工现场建立和执行防火管理制度。

（11）施工现场发生工程建设重大事故的处理，应依照《工程建设重大事故报告和调查程序规定》执行。

（三）现场环境管理

（1）现场环境管理的目的是依据国家、地方和企业制定的一系列环境管理及相关法律、法规、政策、文件和标准，通过控制作业现场对环境的污染和危害，保护施工现场周边的自然生态环境，创造一个有利于施工人员身心健康，最大限度地减少对施工人员造成职业损害的作业环境，同时考虑能源节约和避免资源的浪费。

（2）现场环境管理的任务包括：项目经理部通过一系列指挥、控制、组织与协调活动，评价施工活动可能会带来的环境影响，制定环境管理的程序，规划并实施环境管理方案，检验环境管理成效，保持环境管理成果，持续改进环境管理工作，以现场环境管理目标的实现保证整个建设项目环境管理目标的实现。

（四）施工现场环境保护与卫生管理

施工现场的环境保护工作是整个城市环境保护工作的一部分，施工现场必须满足城市环境保护工作的要求。

1. 防止大气污染

（1）施工现场垃圾要及时清运，适量洒水，减少扬尘。对高层或多层施工垃圾，必须搭设封闭临时专用垃圾道或采用容器吊运，严禁随意凌空抛撒造成扬尘。

（2）对水泥等粉细散装材料，应尽量采取库内存放，如露天存放，则应采用严密遮盖，卸运时要采取有效措施，减少扬尘。

（3）施工现场应结合设计中的永久道路布置施工道路，道路基层做法应按设计要求执行，面层可采用礁渣、细石沥青或混凝土，以减少道路扬尘，同时要随时修复因施工而损坏的路面，防止浮土产生。

（4）运输车辆不得超量运载，运输工程土方、建筑渣土或其他散装材料不得超过槽帮上沿；运输车辆出现场前，应将车辆槽帮和车轮冲洗干净，防止带泥土的运输车辆驶出现场和遗撒渣土在路途中。

（5）对施工现场的搅拌设备，必须搭设封闭式围挡及安装喷雾除尘装置；

（6）施工现场要制定洒水降尘制度，配备洒水设备，设专人负责现场洒水降尘和及时清理浮土；

（7）拆除旧建筑物时，应配合洒水，减少扬尘污染。

2. 防止水污染

（1）凡需进行混凝土、砂浆等搅拌作业的现场，必须设置沉淀池。排放的废水要排入沉淀池内，经两次沉淀后，方可排入市政污水管线或回收用于洒水降尘，未经处理的泥浆水严禁直接排入城市排水设施和河流。

（2）凡进行现制水磨石作业产生的污水，必须控制污水流向，防止蔓延，并在合理的位置设置沉淀池，经沉淀后，方可排入污水管线。施工污水严禁流出工地，污染环境。

（3）施工现场临时食堂的污水排放控制，要设置简易有效的隔油池，产生的污水经下水管道排放要经过隔油池，平时加强管理，定期掏油，防止污染。

（4）施工现场要设置专用的油漆和油料库，油库地面和墙面要做防渗漏的特殊处理，使用和保管要专人负责，防止油料的跑、冒、滴、漏，防止污染水体。

（5）禁止将有毒有害废弃物用做土方回填，以防污染地下水和环境。

3. 防止噪音污染

（1）施工现场应遵照《建筑施工场界噪声限值》（GB12523—90）制定降噪的相应制度和措施。

（2）凡在居民稠密区进行噪声作业，必须严格控制作业时间，若遇到特殊情况需连续作业，应按规定办理夜间施工证。

（3）产生强噪声的成品、半成品加工和制作作业应放在工厂、车间完成，减少因施工现场加工制作而产生的噪声。

（4）对施工现场强噪声机械，如搅拌机、电锯、电刨、砂轮机等，要设置封闭的机械棚，以减少强噪声的扩散。

（5）加强施工现场的管理，特别要杜绝人为敲打、尖叫、野蛮装卸噪声等，最大限度地减少噪声扰民。

4. 现场住宿及生活设施的环境卫生管理

（1）施工现场应设置符合卫生要求的厕所，有条件的应设水冲式厕所，厕所应有专人负责管理。

（2）食堂建筑、食堂卫生必须符合有关卫生要求，如炊事员必须有卫生防疫部门颁发的体检合格证，生熟食应分别存放，食堂炊事人员穿白色工作服，食堂卫生定期检查等。

（3）施工现场应按作业人员的数量设置足够使用的淋浴设施，淋浴室在寒冷季节应有暖气、热水，淋浴室应有管理制度和专人管理。

（4）生活垃圾应及时清理，集中运送装入容器，不能与施工垃圾混放，并设专人管理。

二、任务实施

（一）明确现场文明施工与环境管理的意义

标准化文明施工，就是施工项目在施工过程中科学地组织安全生产，规范化、标准化管理现场，使施工现场按现代化施工的要求保持良好的施工环境和施工秩序，这是施工企业的一项基础性的管理工作。标准化文明施工实际上是建筑安全生产工作的发展、飞跃和升华，是树立"以人为本"的指导思想。在安全达标的基础上开展的创建文明工地活动、标准化文明施工，是现代化施工的一个重要标志，作为企业文化的一部分，具有重要意义。它是企业文化的有形载体，是企业视觉识别系统的补充和活化，有利于增强施工项目班子的凝聚力和集体使命感，是体现项目管理水平的依据之一，也是企业争取客户认同的重要手段。

建筑业在推动经济发展、改善人民生活的同时，其在生产活动中产生的大量污染物也严重影响了广大群众的生活质量。在环境总体污染中，与建筑业有关的环境污染所占比例相当大，包括噪声污染、水污染、空气污染、固体垃圾污染、光污染以及化学污染等。因此，加强对建筑施工现场进行科学管理、尽量减少各类污染的研究具有十分重要的现实意义。绿色建筑的理念是：节约能源、节约资源、保护环境、以人为本。在以人为本，坚持全面、协调、可持续的科学发展观，努力构建社会主义和谐社会的新形势下，倡导绿色施工，加强环境保护，实现人与环境的和谐相处，进一步提高施工现场的环境管理水平，是建筑施工企业光荣而神圣的历史使命。

（二）编制施工现场文明施工与环境管理的方法

1. 施工现场文明施工管理要点

（1）主管挂帅。建筑单位成立由主要领导挂帅、各部门主要负责人参加的施工现场管理领导小组，在现场建立以项目管理班子为核心的现场管理组织体系。

（2）系统把关。各管理业务系统对现场的管理进行分口负责，每月组织检查，发现问题及时整改。

（3）普遍检查。对现场管理的检查内容，按达标要求逐项检查，填写检查报告，评定现场管理先进单位。

（4）建章建制。建立施工现场管理规章制度和实施办法，按章办事，不得违背。

（5）责任到人。管理责任不但明确到部门，而且各部门要明确到人，以便落实管理工作。

（6）落实整改。对出现的问题，一旦发现，必须采取措施纠正，避免再度发生。无论涉及哪一级、哪一部门、哪一个人，绝不能姑息迁就，必须整改落实。

（7）严明奖惩。成绩突出，应按奖惩办法予以奖励；出现问题，要按规定给予必要的惩罚措施。

2. 施工现场环境管理要点

（1）施工中需要停水、停电、封路而影响环境时，必须经有关部门批准、事先告示。

（2）施工单位应该保证施工现场道路畅通，排水系统处于良好的使用状态；保持场容地貌的整洁，随时清理建筑垃圾。在车辆、行人通行的地方施工时，应当设置沟井坎穴覆盖物和施工标志。

（3）妥善处理泥浆水。泥浆水未经处理不得直接排入城市排水设施和河流、湖泊、池塘。

（4）除设有符合规定的装置外，不得在施工现场熔融沥青或者焚烧油毡、油漆以及其他会产生有毒有害烟尘和恶臭其他的物质。

（5）使用密封式的圈筒或者采取其他措施处理高空废弃物。建筑垃圾、渣土应在指定地点堆放，每日进行清理。

（6）采取有效措施控制施工过程中的扬尘。

（7）禁止将有毒有害废弃物用做土方回填。

（8）对产生噪声、振动的施工机械，应采取有效控制措施，减轻噪声扰民。

三、学习效果评价反馈

（一）学生自评

根据认知施工组织文件，完成下列问题：

（1）施工现场文明施工的组织与管理措施内容有哪些？
（2）现场文明施工的基本要求是什么？
（3）现场环境管理的目的和任务有哪些？
（4）施工现场环境保护与卫生管理要求是什么？
（5）施工现场文明施工与环境管理的方法有哪些？
（6）施工现场文明施工与环境管理的意义是什么？

（二）学习小组评价

班级：_____ 姓名：_____ 学号：_____

学习内容	分值	评价内容	得分
基础知识	30	施工现场文明施工的组织与管理措施；现场文明施工的基本要求；现场环境管理的目的和任务；施工现场环境保护与卫生管理要求	
应会技能	10	能明确施工现场文明施工要求	
	20	能叙述现场文明施工方法	
	10	能明确施工现场环境保护要求	
	20	会叙述环境管理的方法	
学习态度	10		
合计	100		
学习小组组长签字：			年 月 日

（三）任课教师评价

班级：_____ 姓名：_____ 学号：_____

评价内容	分值	简 评	得分	教师签字
准备工作情况	20			
课堂表现情况	30			
任务完成质量	30			
团结协作精神	20			
合计	100			
备注			年 月 日	

任务六 施工现场主要内业资料管理

☞ 学习目标：
1. 了解施工技术资料编制的内容；
2. 了解施工质量管理资料的主要内容；
3. 了解施工质量控制资料的内容；
4. 了解施工安全及主要功能资料内容；
5. 掌握单位工程开工报告的编制；
6. 掌握质量技术交底的编制；
7. 掌握施工日志的填写；
8. 掌握工程质量报告的填写；
9. 掌握图纸会审记录的填写；
10. 掌握地基验槽记录的填写；
11. 掌握沉降观测记录的填写。

一、相关知识

（一）施工单位技术资料编制

（1）施工质量管理资料：单位工程开工报告、质量技术交底、施工日志、工程质量事故报告。

（2）施工质量控制资料：图纸会审记录、技术核定单、工程变更单、建筑物定位测量记录、建筑工程隐蔽验收记录、地基验槽记录、砌筑砂浆强度评定、混凝土强度合格评定。

（3）安全及主要功能资料：沉降观测记录、防水工程抗渗试验记录、卫生器具蓄水试验记录、避雷接地电阻测试记录、通风与空调工程系统风量测试记录、电梯负荷运行试验记录。

（二）施工质量管理资料

1. 单位工程开工报告

单位工程开工报告是单位工程具备开工条件后，由施工单位按合同规定向监理单位递交的开工报告，经监理单位审查签署同意后才能开工，是单位工程开工的依据。主要内容应包括：施工机构的建立，质检体系、安全体系的建立，劳力安排，材料、机械及检测仪器设备进场情况，水电供应，临时设施的修建，施工方案的准备情况等。

2. 质量技术交底

技术交底是单位工程开工前和分部分项工程施工前，使参与施工的技术人员及操作人员对工程及技术要求等做到心中有数，便于科学地组织施工和按既定的程序及工艺进行操作，进而确保实现工程质量、安全、工期、成本等管理目标的重要技术管理工作。

工程开工报审表

工程名称：_____　　编号：A1-_____

致：_____（监理单位）

　　我单位承担的_____工程/分包工程的准备工作已完成，并已报验通过下列内容：
- □ 工程施工组织设计（A3.11-_____）
- □ 工程用材料和设备（A3.21-_____、A3.22-_____、A3.23-_____）
- □ 施工用大型机械设备（A3.14-_____）
- □ 首道工序的分项施工方案（A3.12-_____）
- □ 施工测量（A3.5-_____）

申请于_____年____月____日开工，请核准。

附件：
1. 项目经理部到岗人员情况一览表及有关证件
2. 进场材料、设备名称、数量、规格、性能一览表
3. 工长与特殊工种的姓名、职称、上岗证一览表及有关证件
4. 施工合同对以上3条内容的对应要求

承包单位项目经理部（章）：_____

项目经理：_____ 日期：_____

项目监理机构 签收人姓名及时间		承包单位 签收人姓名及时间	

监理审核意见：
　　□ 同意　　　□ 不同意

_____
_____
_____
_____
_____
_____
_____

项目监理机构（章）：_____

专业监理工程师：_____ 总监理工程师：_____ 日期：_____

注：1. 承包单位项目经理部应提前48小时提出本报审表。
　　2. 建设单位应已取得由建设行政主管部门核发的建筑工程施工许可证。

施工技术交底的内容包括如下几项：

（1）工地（队）交底中有关内容：是否具备施工条件、与其他工种之间的配合与矛盾等，向甲方提出要求，让其出面协调等。

（2）施工范围、工程量、工作量和施工进度要求：主要根据自己的实际情况，实事求是地向甲方说明即可。

（3）施工图纸的解说：设计者的大体思路以及自己以后在施工中存在的问题等。

（4）施工方案措施：根据工程的实况，编制出合理、有效的施工组织设计以及安全文明施工方案等。

（5）操作工艺和保证质量安全的措施：先进的机械设备和高素质的工人等。

（6）工艺质量标准和评定办法：参照现行的行业标准以及相应的设计、验收规范。

（7）技术检验和检查验收要求：包括自检以及监理的抽检的标准。

（8）增产节约指标和措施。

（9）技术记录内容和要求。

（10）其他施工注意事项。

质量技术交底记录

建设单位名称		交底人	
工程项目名称		接受交底班组长	
施工单位名称		记录人	
分部分项名称		交底日期	

交底内容：

3. 施工日志

施工日志也叫做施工日记，是对建筑工程整个施工阶段的施工组织管理、施工技术等有关施工活动和现场情况变化的真实的综合性记录，也是处理施工问题的备忘录和总结施工管理经验的基本素材，是工程交竣工验收资料的重要组成部分。施工日志可按单位、分部工程或施工工区（班组）建立，由专人负责收集、填写、保管。

施工日志的主要内容为：日期、天气、气温、工程名称、施工部位、施工内容、应用的主要工艺；人员、材料、机械到场及运行情况；材料消耗记录、施工进展情况记录；施工是否正常；外界环境、地质变化情况；有无意外停工；有无质量问题存在；施工安全情况；监理到场及对工程认证和签字情况；有无上级或监理指令及整改情况等。记录人员要签字，主管领导定期要阅签。

施 工 日 志

工程名称：

月	日	气候	温度	施工概况及存在问题

项目负责人：　　　　　　　施工员：　　　　　　　记录人：

4. 工程质量事故报告

质量事故是指工程在建设过程中或交付使用后，由于违反基本建设程序、勘察、设计、施工、材料设备或其他原因造成的不符合国家质量检验评定标准要求的，需要进行结构加固及返工处理，甚至造成房屋倒塌、人员伤亡等事故。

工程质量事故的分类方法较多，我国对工程质量事故通常采用按造成损失严重程度划分，可分为一般质量问题、一般质量事故和重大质量事故三类。重大质量事故又划分为一级重大事故、二级重大事故、三级重大事故。具体如下：

（1）质量问题：质量较差、造成直接经济损失（包括修复费用）在 20 万元以下。

（2）一般质量事故：质量低劣或达不到质量标准，需要加固修补，直接直接经济损失（包括修复费用）为 20 万～300 万元的事故。一般质量事故分三个等级：一级一般质量事故，直接经济损失为 150 万～300 万元；二级一般质量事故，直接经济损失为 50 万～150 万元；三级一般质量事故，直接经济损失为 20 万～50 万元。

（3）重大质量事故：由于责任过失造成工程坍塌、报废和造成人员伤亡或者重大经济损失。重大质量事故分三级：一级重大事故，死亡 30 人，直接经济损失 1000 万元以上，特大型桥梁主体结构垮塌；二级重大事故，死亡 10～29 人；直接经济损失 500 万～1000 万元（不含），大型桥梁结构主体垮塌；三级重大事故，死亡 1～9 人；直接经济损失 300 万～500 万元，中小型桥梁垮塌。

工程质量事故报告表

填报单位： 报出日期：

建设单位名称		设计单位	
工程项目名称		施工单位	
发生事故时间		工程地点	
损失金额（元）			
事故情况、主要原因及后果		处理情况	

项目经理： 施工员： 质检员：

注：1. 必要时应附简图，篇幅不够可另加附页。
　　2. 重大工程质量事故由施工单位填写禀报上级，最底下一栏由施工单位技术主管、项目经理和项目技术负责人签字。
　　3. 重大工程质量事故按×××文件的规定范围填写。

(三）施工质量控制资料

1. 图纸会审记录

图纸会审是对工程有关各方面在接到施工图纸，并对施工图进行熟悉、预审的基础上，由监理单位或建设单位在开工前组织设计、施工单位的技术负责人、专业或项目负责人和质量监理部门一起共同对设计图纸进行的审核工作。

施工图纸会审记录

建设单位		会审时间	
工程项目		主持人	

参加会审人员	姓名	职务	工作单位

会审记录：

注：表格内容要求用碳素墨水填写。

2. 图纸会审内容

（1）是否无证设计或越级设计，图纸是否经设计单位正式签署。

（2）地质勘探资料是否齐全。

（3）设计图纸与说明是否齐全，有无分期供图的时间表。

（4）设计地震烈度是否符合当地要求。

（5）几个设计单位共同设计的图纸相互间有无矛盾；专业图纸之间、平立剖面图之间有无矛盾；标注有无遗漏。

（6）总平面与施工图的几何尺寸、平面位置、标高等是否一致。

（7）防火、消防是否满足要求。

（8）建筑结构与各专业图纸本身是否有差错及矛盾；结构图与建筑图的平面尺寸及标高是否一致；建筑图与结构图的表示方法是否清楚；是否符合制图标准；预埋件是否表示清楚；有无钢筋明细表；钢筋的构造要求在图中是否表示清楚。

（9）施工图中所列各种标准图册，施工单位是否具备。

（10）材料来源有无保证，能否代换；图中所要求的条件能否满足；新材料、新技术的应用有无问题。

（11）地基处理方法是否合理，建筑与结构构造是否存在不能施工、不便于施工的技术问题，或容易导致质量、安全、工程费用增加等方面的问题。

（12）工艺管道、电气线路、设备装置、运输道路与建筑物之间或相互间有无矛盾，布置是否合理，是否满足设计功能要求。

（13）施工安全、环境卫生有无保证。

（14）图纸是否符合监理大纲所提出的要求。

3. 地基验槽记录

地基与基础工程验槽由建设单位组织勘察单位，设计单位，施工单位、监理单位共同检查验收，主要内容包括地基是否满足设计、规范等有关要求，是否与地质勘查报告中土质情况相符，包括基坑（槽）、基地开挖到设计标高后，应进行工程地质检验，对各种组砌基础、混凝土基础（包括设备基础）、桩基础、人工地基等做好隐蔽记录。

例如，对基坑（槽）挖土验槽的内容有如下一些：

（1）验收时间为各方共同检查验收日期；

（2）基槽（坑）位置、几何尺寸、槽底标高均按验收实测记录填写；

（3）土层走向、厚度、土质有变化的部位，用图示加以说明；

（4）槽底土质类别、颜色及坚硬均匀情况；

（5）地下水位及水浸情况等；

（6）遇有古坟、枯井、洞穴、电缆、旧房基础以及流沙等，应在图中标明位置、标高、处理情况说明或写明变更文件编号。

检查验收意见：写明地基是否满足设计、规范等有关要求；是否与地质勘查报告中土质情况相符。验槽由建设单位组织地质勘查部门、设计院、建设、监理单位及施工有关人员参加，共同检验做出记录并签字。无验槽手续不得进行下道工序施工。

地基验槽记录表

工程名称：　　　　　　　　　　工程编号：

工程部位		开挖时间	
验槽日期		完成时间	

项次	项　目	验　收　情　况
1		
2		
3		
4		
5		
6		
7		
附图或说明		

施工单位意见： 项目经理： 项目技术负责人： 施工单位（公章）： 　　　　　　　年　月　日	监理单位意见： 总监理工程师： 监理单位（公章）： 　　　　　　　年　月　日

勘察单位意见： 项目负责人： 勘察单位（公章）： 　　　　　年　月　日	设计单位意见： 结构专业负责人： 设计单位（公章）： 　　　　　年　月　日	建设单位意见： 项目负责人： 建设单位（公章）： 　　　　　年　月　日

注：表格内容要求用碳素墨水填写。

（四）安全及主要功能资料

沉降观测应根据建筑物设置的观测点与固定（永久性水准点）的测点进行观测，测其沉降程度用数据表达，凡三层以上建筑、构筑物设计要求设置观测点，人工、土地基（砂基础）等，均应设置沉陷观测，施工中应按期或按层进度进行观测和记录，直至竣工。

沉降观测资料应及时整理和妥善保存，作为该工程技术档案的一部分。

（1）根据水准点测量得出的每个观测点和其逐次沉降量（沉降观测成果表）。

(2)根据建筑物和构筑物的平面图绘制的观测点的位置图,根据沉降观测结果绘制的沉降量、地基荷载与延续时间三者的关系曲线图(要求每一观测点均应绘制曲线图)。

(3)计算出建筑物和构筑物的平均沉降量、相对弯曲和相对倾斜值。

(4)水准点的平面布置图和构造图,测量沉降的全部原始资料。

(5)根据上述内容编写的沉降观测分析报告(其中应附有工程地质和工程设计的简要说明)。

沉降观测记录

工程名称:　　　　　　　　水准点(BM)相对标高:

	观测点编号	观测点相对标高(m)	第1次			第2次			第3次			第4次		
			标高(m)	沉降量(mm)		标高(m)	沉降量(mm)		标高(m)	沉降量(mm)		标高(m)	沉降量(mm)	
				本次	累计		本次	累计		本次	累计		本次	累计
沉降观测结果			/											
			/											
			/											
			/											
			/											
			/											
			/											
			/											
			/											
			/											
			/											
	工程进度状态													
	观测者													
	监测者													

注:附观测点、水准点布置图和 S、P、T 三者关系及沉降量曲线图。

建设单位代表:　　　　　　　工程技术负责人:　　　　　　　填表人:

二、任务实施

（一）了解施工单位各技术资料的内容
（二）明确各种施工单位技术资料填写要求
（三）填写技术资料

需要填写的技术资料包括：
(1) 单位工程开工报告；
(2) 质量技术交底；
(3) 施工日志；
(4) 工程质量报告；
(5) 图纸会审记录；
(6) 地基验槽记录；
(7) 沉降观测记录。

三、学习效果评价反馈

（一）学生自评

根据对施工现场主要内业资料管理的认识，完成下列问题：
(1) 施工质量管理资料的主要内容有哪些？
(2) 施工质量控制资料的内容有哪些？
(3) 施工安全及主要功能资料内容有哪些？
(4) 掌握单位工程开工报告的编制。
(5) 掌握质量技术交底的编制。
(6) 掌握施工日志的填写。
(7) 掌握工程质量报告的填写。
(8) 掌握图纸会审记录的填写。
(9) 掌握地基验槽记录的填写。
(10) 掌握沉降观测记录的填写。

（二）学习小组评价

班级：_____ 姓名：_____ 学号：_____

学习内容	分值	评价内容	得分
基础知识	30	施工质量管理资料的主要内容；施工质量控制资料的内容；施工安全及主要功能资料内容	
应会技能	10	能懂得施工日志的填写方法	
	20	能编写图纸会审记录	
	10	能编写沉降观测记录	
	20	会编制地基验槽记录	

续表

学习内容	分值	评价内容	得分
学习态度	10		
合计	100		
学习小组组长签字：		年 月 日	

(三) 任课教师评价

班级：_____ 姓名：_____ 学号：_____

评价内容	分值	简 评	得分	教师签字
准备工作情况	20			
课堂表现情况	30			
任务完成质量	30			
团结协作精神	20			
合计	100			
备注			年 月 日	

学习情境五　单位工程施工组织设计

任务一　工程概况的一般写法

☞ 学习目标：
  1. 了解工程概况的作用；
  2. 了解工程概况表的几种形式；
  3. 掌握工程概况表的编制方法。

一、相关知识

单位工程施工组织设计主要是指导单位工程施工企业进行施工准备和进行现场施工的全局性的技术、经济文件，它既要体现国家的有关法律、法规和施工图的要求，又要符合施工活动的客观规律，其主要包括：建设项目的工程概况和施工条件、施工方案、施工进度计划、施工准备工作、资源需要量计划、施工平面图、保证工程质量和安全的技术措施和主要的技术指标。

工程概况主要是对拟建工程的工程特点、建设地点的特征和施工条件等施工条件概况做一个简洁、明了、重点突出的文字介绍，这也是单位工程施工组织设计首要进行的工作。

工程概况主要有建筑工程概况表、单位工程概况表和工程项目概况表三种形式。建筑工程概况表主要是对工程初步信息和建设主体各方的信息说明，如拟建工程的建设单位、工程名称、规划用地许可证和施工许可证、开工竣工日期、建筑面积、施工单位、监理单位、设计单位等。该表是由建设单位填写，工程竣工后，建设单位向城建档案馆移交工程档案时使用该表。

单位工程概况表除说明工程和建筑主体相关方的基本情况外，还涉及公司名称及企业资质和相关负责人的姓名、资格证书等相关信息，该表主要是按照单位工程填写。

建筑工程概况表

工程名称		档案号（由档案馆填写）	
工程地址		工程曾用名	
规划用地许可证编号		规划许可证号	
施工许可证号		工程设计号	
工程档案登记号		工程决算（元）	
开工日期		竣工日期	
建设单位	单位名称		单位代码	
	单位地址		邮政编码	
	联系人		电　话	
	建设单位上级主管单位			

工程有关单位	单位代码	单位名称
产权单位		
设计单位		
施工单位		
监理单位		
勘察单位		
管理单位		
使用单位		

建筑面积（m²）		总占地面积（m²）		主要建筑物高度（m）	

填表单位（章）　　　　　　　　　　年　月　日	填表人	年　月　日
	审核人	年　月　日

单位工程概况表

建设单位		建设单位项目负责人		工程用途	
		联系电话		结构类型	
办公地址		总投资		地基类型	
		面积		基础类型	
单位工程名称		计划开工日期	年 月 日	层数	地上 层
					地上 层
		计划竣工日期	年 月 日	总高度	抗震设防烈度
有关责任主体单位（全称）		法定代表人	企业资质等级、证书编号	项目负责人	资格证书名称、等级、编号
勘察					
设计					
施工（总承包）					
监理					

单位工程施工组织设计中的工程项目概况，是对拟建工程的工程特征、场地情况和施工条件等所做的简要文字介绍。若含有新结构、新材料、新技术、新工艺及施工的难点，应做重点说明，对于建筑结构不复杂、规模不大的工程，可采用工程概况表的形式，见下表。

××工程概况表　　　　　　　　编号：×××

	工程名称		建设单位	×××
一般工程	建设用途	供变站	设计单位	××建筑设计院
	建设地点	××小区××路××号	监理单位	××监理公司
	总建筑面积	×××	施工单位	××建筑工程公司
	开工日期	2010-3-5	竣工日期	2012-11-5
	结构类型	框架	基础类型	筏式
	层数	地下一层、地上三层	建筑檐高	12.6m
	地上面积	4755m^2	地下室面积	1185m^2
	人防等级		抗震等级	二级，设防烈度8度

续表

构造特征	地基与基础	基础为筏片基础，设有地梁
	柱、内外墙	柱为C30混凝土，围护墙为陶粒砌块和红机砖
	梁、板、楼盖	梁板为C30混凝土
	外墙装饰	浮雕涂料
	内墙装饰	耐擦洗涂料
	楼地面装饰	大部分为现浇水磨石，部分为细石混凝土地面和防静电地板
	屋面结构	保温层、找平层、SBS改性沥青防水卷材层
	放火设备	各层均设消火栓箱
	机电系统名称	本工程含动力，照明为直流电源，火灾报警为集中报警装置，本站380/220V电源采用TN-S系统供电
其他		

注意事项	
资料流程	本表由施工单位填写，城建档案馆与施工单位各存一份
相关规定与要求	工程概况表是对工程基本情况的简述，应包括单位工程的一般情况、构造特征、机电系统等
注意事项	(1)"一般工程"栏内，工程名称应填写全称，与建设工程规划许可证、施工证及施工图纸中的工程名称一致 (2)"构造特征"栏内，应结合工程设计要求，做到重点突出 (3)"机电系统"栏内应简要描述工程机电各系统名称及主要设备参数、容量、电压等级等 (4)"其他"栏内可填写工程的独特特征，或采用的新技术、新产品、新工艺等

二、任务实施

（一）分析工程概况表组成情况

工程概况一般包括工程建设概况、工程建筑设计概况、工程结构设计概况、装饰装修设计概况、机电设备安装概况等。工程概况的内容应尽量采用图标形式进行说明。

(1) 工程建设概况主要包括下列内容：
①工程名称、性质和地理位置；
②工程的建设、勘察、设计、监理和总承包等相关单位的情况；
③工程承包范围和分包工程范围；
④施工合同、招标文件或总承包单位对工程施工的重点要求。

（2）建筑设计概况应依据建设单位提供的建筑设计文件进行描述，主要包括下列内容：

①建筑规模，如工程占地面积、总建筑面积、首层建筑面积、地上面积、地下面积；

②建筑功能，即建筑物的主要用途；

③建筑特点，如建筑平面形状和平面组合情况、总长度和总宽度等尺寸、建筑总层数、地上层数、地下层数、建筑总高度、非标准层层高、标准层层高；

④建筑防火耐火要求；

⑤防水及节能要求，如地下、屋面、卫生间、雨篷、阳台的防水做法和要求，墙面、屋面、楼地面保温节能做法和要求；

⑥工程的主要装修做法，如外墙面、内墙面、楼地面、顶棚、楼梯和电梯厅墙面、地面、顶棚的装修做法；

⑦环境保护方面的要求；

⑧其他需要说明的事项。描述工程建筑设计概况，必要时附平面图、剖面图加以说明。

建筑设计概况一览表

占地面积			首层建筑面积			总建筑面积	
层数	地上		层高	首层		地上面积	
	地下			标准层		地下面积	
				地下		防火等级	
装饰装修	外檐						
	楼地面						
	墙面						
	顶棚						
	楼梯						
	电梯厅	地面：		墙面：		顶棚：	
防水	地下	防水等级：			防水材料：		
	屋面	防水等级：			防水材料：		
	厕浴间						
	阳台						
	雨篷						
保温节能							
绿化							
环境保护							
其他需要说明的事项：							

(3) 工程结构设计概况应依据建设单位提供的结构设计文件进行描述，主要包括下列内容：

①地基基础形式及埋置深度、持力层、承载力标准值，桩基础的类型、桩长、桩径、间距、根数；

②结构形式，主要柱网间距以及梁、板、柱、墙的材料要求和截面尺寸；

③结构安全等级、抗震设防等级、人防等级；

④主要结构构件混凝土强度等级及抗渗要求；

⑤钢筋的类别、直径、连接方法等。

结构概况一览表

地基基础	埋深		持力层		承载力标准值	
	桩基	类型：		桩长	桩径	间距
	箱、筏	顶板厚度：		顶板厚度：		
	条基					
	独立					
主体	结构形式			主要柱网间距		
	主要结构尺寸	梁：		板：	柱：	墙：
结构安全等级		抗震等级设防			人防等级	
混凝土强度等级及抗渗要求	基础		墙体		其他	
	梁		板			
	柱		楼梯			
钢筋	类别：					
特殊结构	（钢结构、网架、预应力）					
其他需要说明的事项：						

（二）完成概况表编制

根据具体案例分析满足以上概况表的情形，填制表格的内容，即完成了概况表的编制。

三、学习效果评价反馈

（一）学生自评

根据工程概况的介绍，完成以下问题：

（1）工程概况一般包括哪些内容？

（2）作为建设方，应该怎样编制工程概况表？

（3）作为施工方，应该怎样编制工程概况表？

(二) 学习小组评价

班级：_____ 姓名：_____ 学号：_____

学习内容	分值	评价内容	得分
基础知识	30	工程概况一般包含的内容；编制工程概况表应注意的事项；工程概况表的编制	
应会技能	20	能明确工程概况包含的内容	
	20	能理解编制工程概况表应注意的事项	
	20	会编写工程概况的相关表格	
学习态度	10		
合计	100		
学习小组组长签字：			年　月　日

(三) 任课教师评价

班级：_____ 姓名：_____ 学号：_____

评价内容	分值	简　评	得分	教师签字
准备工作情况	20			
课堂表现情况	30			
任务完成质量	30			
团结协作精神	20			
合计	100			
备注			年　月　日	

任务二　施工方案的编制

☞ **学习目标：**

1. 了解施工流向的确定；
2. 掌握施工顺序的确定方法；
3. 掌握施工方案的编制；
4. 理解施工机械的确定方法；
5. 掌握施工方案技术组织措施的制定；
6. 掌握施工方案的评价方法。

一、相关知识

施工方案的选择是决定整个工程全局的关键，是编制单位工程施工组织设计的重点，是整个单位工程施工组织设计的核心，直接影响工程施工的质量、工期和经济效益。施工方案一经决定，整个工程施工的进程、人力、机械的需要和布置，工程质量，施工安全，工程成本以及现场的状况等也就随之被规定下来。施工方案的内容包括划分施工段，确定施工程序、施工顺序、施工起点流向和主要分部分项工程的施工方法，施工机械的选择和施工方案的评价等。

（一）施工方案制定的原则

（1）制定方案首先必须从实际出发，切实可行，符合现场的实际情况，有实现的可能性。方案在资源、技术上提出的要求应该与当时已有的条件或在一定时间能争取到的条件相吻合，否则是不能实现的，因此只有在切实可行的范围内尽量求其先进和快速。

（2）满足合同要求的工期按工期要求投入生产，交付使用，发挥投资效益，这对国民经济的发展具有重大的意义。在制定施工方案时，必须保证在竣工时间上符合合同的要求，并能争取提前完成。为此，在施工组织上要统筹安排，均衡施工，在技术上尽可能地采用先进的施工技术、施工工艺、新材料，在管理上采用现代化的管理方法进行动态管理和控制。

（3）确保工程质量和施工安全。工程建设是百年大计，要求质量第一，保证施工安全是社会的要求。因此，在制定方案时应充分考虑工程质量和施工安全，并提出保证工程质量和施工安全的技术组织措施，使方案完全符合技术规范、操作规范和安全规程的要求。

（4）在合同价控制下，尽量降低施工成本，使方案更加经济合理，增加施工生产的盈利。从施工成本的直接费（人工、材料、机具、设备、周转性材料等）和间接费中找出节约的途径，采取措施控制直接消耗，减少非生产人员。

（二）施工流向的确定

施工流向是指单位工程在平面或空间上施工的部位及其进展的方向。施工流向主要解决单个建筑物或构筑物在空间上的按合理顺序施工的问题。对单位工程其施工流向的确定，应遵循"四先四后"的原则，即先地下后地上、先主体后围护、先结构后装饰、先土建后设备安装的原则进行施工。

（1）"先地下后地上"是指地上工程开工前，尽量把管道、线路等地下设施、土方工程和基础工程完成或基本完成，以避免对地上部分施工产生干扰，既给施工带来不便，又会造成浪费，影响质量。

（2）"先主体后围护"主要是指框架等主体结构与围护结构在总的程序上要有合理的搭接。一般来说，多层建筑以少搭接为宜，而高层建筑则应尽量搭接施工，以有效地节约时间。

（3）"先结构后装饰"是针对一般情况而言，有时为了缩短工期，也可以两者部分搭接施工。

（4）"先土建后设备"是指对于工业建筑或民用建筑，一般土建施工应先于水、暖、煤、电、卫等建筑设备的施工。它们之间更应处理好相互间的关系，尤其在装修阶段，要从保质量、讲成本的角度出发。

对单层建筑应分区分段确定平面上的施工起点与流向。多层建筑除要考虑平面上的起点与流向外，还要考虑竖向上的起点与流向，同时也应考虑生产使用的先后，与材料、构件、土方的运输方向不发生矛盾，适用主导工程的合理施工顺序等几个因素，具体表现在以下几个方面：

①建筑物的生产工艺流程或使用要求。对生产或使用要求在先的部位应先施工。

②平面上各部分施工的技术复杂、工期长的区段和部位应先施工。例如，对地下工程的深浅及地质复杂程度大、设备安装工程的技术复杂程度大、工期较长的分部分项工程应优先施工。

③房屋高低层和高低跨。应从高低层或从高低跨并列处开始施工。例如，在高低层并列的多层建筑物中，应先施工层数多的区段；在高低跨并列的单层工业厂房结构安装时，应从高低跨并列处开始吊装。屋面防水施工应按先低后高的顺序施工，当基础埋深不同时，应先深后浅。

④施工现场条件和施工方案。施工现场场地大小、道路布置和施工方案所采用的施工方法和施工机械也是确定施工流程的主要因素。例如，土方工程施工时，边开挖边将余土外运，施工起点应定在远离道路的一端，由远及近地进行施工。

⑤施工组织的分层分段。划分施工层、施工段的部位（如变形缝）也是决定施工流程应考虑的因素。

⑥分部工程或施工阶段的特点及其相互关系。例如，基础工程选择的施工机械不同，其平面的施工流程则各异；主体结构工程在平面上的施工流程则无要求，从哪侧开始均可，但竖向施工一般应自下而上施工。

（三）施工顺序的确定

1. 确定顺序考虑的因素

施工顺序是指分项工程或工序间施工的先后次序。施工顺序应根据实际的工程施工条件和采用的施工方法来确定，它不是固定不变的，也不是随意改变的。确定施工顺序时应考虑以下因素：

（1）符合施工工艺的要求。各种施工过程之间客观存在着工艺顺序关系，它随着房屋结构和构造的不同而不同。在确定施工顺序时，必须服从这种关系。例如，当建筑物采用装配式钢筋混凝土内柱和外墙承重的多层房屋时，由于大梁和楼板的一端支承在外墙上，所以应先把墙砌到一层楼高度之后，再安装梁板。

（2）符合施工方法和施工机械的要求。不同施工方法和施工机械会使施工过程的先后顺序有所不同。例如，在建造装配式单层工业厂房时，如果采用分件吊装法，施工顺序应该是先吊柱，再吊吊车梁，最后吊屋架和屋面板；如果采用综合吊装方法，则施工顺序应该是吊装完一个节间的柱、吊车梁、屋架屋面板之后，再吊装另一个节间的构件。在安装装配式多层多跨工业厂房时，也应符合施工机械的要求，如果采用塔式起重机，则可以自下而上地逐层吊装；如果采用桅杆式起重机，则可能是把整个房屋在平面上划分成若干单元，由下而上地吊完一个单元构件，再吊下一个单元的构件。

（3）考虑施工组织的要求。施工组织也会引起施工过程先后顺序的不同。例如，在建造某些重型车间时，由于这种车间内通常都有较大较深的设备基础，如先建造厂房，然后再建造设备基础，在设备基础挖土时可能破坏厂房的柱基础，在这种情况下，必须先进行设备基础的施工，然后再进行厂房柱基础的施工，或者两者同时施工。

（4）考虑施工质量的要求。施工过程的先后顺序会直接影响到工程质量。例如，工业厂房的卷材屋面一般应在天窗嵌好玻璃之后铺设；否则，卷材容易受到损坏。同样，基础回填土，特别是从一侧进行的回填土，必须在砌体达到必要的强度以后才能开始；否则，砌体的质量会受到影响。

（5）符合安全技术的要求。合理的施工顺序必须使各施工过程的搭接不至于引起安全事故。例如，多层房屋施工时应符合安全技术要求，不能在同一施工段上一面铺屋面板，一面又在进行其他作业。只有在已经有层间楼板或坚固的临时铺板把一个个楼层分隔开的条件下，才允许同时在各个楼层展开工作。

（6）工程所在地气候的要求。不同地区的气候特点不同，安排施工过程应考虑到气候特点对工程的影响。例如，在华东、中南地区施工时，应当考虑雨季施工的特点。土方、砌墙、屋面等工程应当尽量安排在雨季和冬季到来之前施工，而室内工程则可以适当推后。又如，土方工程施工应避开雨季，以免基坑被雨水浸泡或遇到地表水造成基坑开挖的难度。

2. 施工顺序分析

根据房屋建筑各分部工程的施工特点，单位工程一般分为三个阶段，即基础工程施工、主体结构工程施工、装饰与屋面工程施工。

（1）基础工程的施工顺序。基础工程的施工顺序一般为：挖坑（槽）→垫层→基础施工→回填土。常用的基础类型有砖基础和钢筋混凝土基础。砖基础砌筑中有时要穿插进行地圈梁的浇筑，基础顶面还要做防潮层。钢筋混凝土基础施工顺序为：支模→绑扎钢筋→浇筑混凝土→养护→拆模。若基础埋深较大、地下水位较高，则在挖土前还应进行土壁支护和降水工作。若有桩基，则在开挖前应施工桩基；若有地下室，则基础过程中应包括地下室的施工。

坑（槽）开挖完成后，立即验槽做垫层，其时间间隔不能太长，以防止地基土长期暴露，被雨水浸泡而影响其承载力，即所谓的"抢基础"。实际施工中，若由于技术或组织上的原因不能立即验槽做垫层和基础时，则在开挖时可留20~30cm至设计标高，以保护地基土，待有条件施工下一步时，再挖去预留的土层。

基础回填可视条件灵活安排，原则上是在基础工程完工后一次性分层夯填完毕，可以为主体结构工程阶段施工创造良好的工作条件，如它为搭设外脚手架及底层砌墙创造了比较平整的工作面。

（2）主体结构工程施工。砖混结构的主导工序是砌墙和安装楼板，对于整个施工过程，主要有：搭脚手架、砌墙、安装门窗框、吊装预制门窗过梁或浇筑钢筋混凝土圈梁、吊装楼板和楼梯、浇筑雨棚、阳台及吊装屋面等。其标准层的施工顺序为：放线→砌筑墙体→浇筑过梁及圈梁→板底找平→安装楼板（现浇楼板）。

装配式结构的主导工序是结构安装，一般的安装顺序为：柱子安装校正固定→基础梁、连系梁、吊车梁的安装→屋盖结构安装（包括屋架、天窗架、屋面板等）。支撑系统穿插在其中进行。其安装顺序主要有两种：分件安装法和综合安装法。

分件安装法，即先依次安装和校正全部柱子，然后安装屋盖系统等。这种方式的优点是：起重机在同一时间安装同一类型构件，包括就位、绑扎、临时固定、校正等工序并且使用同一种索具，劳动组织不变，可提高安装效率。缺点是：增加起重机开行路线。

综合安装法，即逐个节间安装，连续向前推进。方法是：先安装四根柱子，立即校正后安装吊车梁与屋盖系统，一次性安装好纵向一个柱距的节间。这种方式的优点是：可缩短起重机的开行路线，并且为后续工序提前创造工作面，实现最大搭接施工。缺点是：安装索具和劳动力组织有周期性变化，影响生产率。

上述两种方法在单层厂房安装工程中均有采用。一般实践中，分件安装法应用相对较多。

钢筋混凝土结构施工总体上可以分为竖向构件和水平构件两大类，如墙柱属于竖向构件、梁板属于水平构件。施工总的顺序为"先竖向再水平"。

①竖向构件施工顺序：放线→绑扎钢筋→预留预埋→支模板及脚手架→浇筑混凝土→养护。

②水平构件施工顺序：梁板一般同时施工，其顺序为：放线→搭脚手架→支梁底模、侧模→扎梁钢筋→支板底模→扎模钢筋→预留预埋→浇筑混凝土→养护。

若采用商品混凝土，一般同一楼层的竖向构件与水平构件混凝土同时浇筑。

（3）装饰与屋面工程施工。主体完工后，项目进入到装饰施工阶段，一般装饰工程包括抹灰、饰面、喷浆、门窗安装、油漆等，其中，抹灰是主导工程，安排施工顺序应以抹灰工程为主导，其余工程是交叉、平行穿插进行。同一楼层内部的抹灰施工顺序为：地面→天棚→墙面，有时也可采用天棚→墙面→地面的顺序。该阶段分项工程多、消耗的劳动量大，工期也较长，本阶段对砖混结构施工的质量有较大影响，必须确定合理的施工顺序和施工方法。

装饰工程竖向的施工流程则比较复杂，室外装饰一般采用自上而下的施工流程，同时拆除脚手架。室内装饰分别有自上而下、自下而上、自中而下再自上而中三种施工流程，具体如下：

①室内装饰工程自上而下的施工流程：主体工程及屋面防水层完工后，从顶层往底层依次逐层向下进行。其施工流程又可分为水平向下和垂直向下两种，通常采用水平向下的施工流程，如图5-1所示。优点是：可以使房屋主体结构完成后，有足够的沉降和收缩期，沉降变化趋向稳定，这样可保证屋面防水工程质量，不易产生屋面渗漏，也能保证室内装修质量，可以减少或避免各项操作互相交叉，便于组织施工，有利于施工安全，而且也很方便楼层清理。缺点是：不能与主体及屋面工程施工搭接，故总工期相应较长。

②室内装修自下而上的施工流程：主体结构施工到三层及三层以上时（有两层楼板，以确保底层施工安全），室内装饰从底层开始逐层向上进行，一般与主体结构平行搭接施工。其施工流向又可分为水平向上和垂直向上两种，通常采用水平向上的施工流向，如图5-2所示。为了防止雨水或施工用水从上层楼板渗漏，而影响装修质量，应先做好上层楼板的面层，再进行本层顶棚、墙面、楼、地面的饰面施工。优点是：可以与主体结构平行搭接施工，从而缩短工期。缺点是：同时施工的工序多、人员多、工序间交叉作业多，要采取必要的安全措施；材料供应集中，施工机具负担重，现场施工组织和管理比较复杂。因此，只有当工期紧迫时，才会考虑本方案。

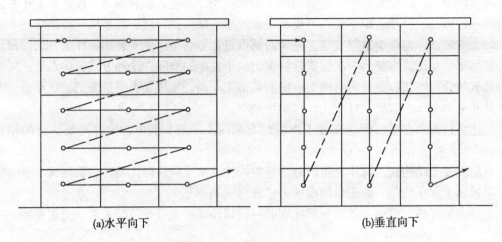

(a)水平向下　　　　　　　　(b)垂直向下

图 5-1　自上而下的施工方向

③室内装饰工程自中而下再自上而中的施工流程：主体结构进行到中部后，室内装饰从中部开始向下进行，再从顶层向中部施工。它集前两者优点，适用于中、高层建筑的室内装饰工程施工。

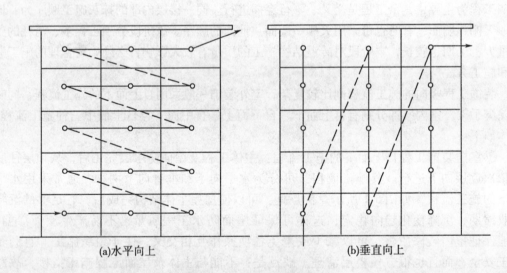

(a)水平向上　　　　　　　　(b)垂直向上

图 5-2　自下而上的施工方向

分部工程或施工阶段关系密切时，一旦前面的施工流程确定后，就决定了后续施工过程的施工流程。例如，单层工业厂房的土方工程的施工流程决定了柱基础施工过程、柱吊装施工过程的施工流程。

卷材屋面防水层的施工顺序为：铺保温层→做找平层→喷刷基层处理剂→节点附加增强处理→铺贴卷材→保护层施工。屋面工程应在主体结构完成后尽快开始，以便为室内装修创造条件。

（四）施工方法和施工机械的选择

正确地拟定施工方法和选择施工机械是选择施工方案的核心内容，它直接影响工程施工的工期、施工质量和安全以及工程的施工成本。一个工程的施工过程、施工方法和建筑机械采用的形式应根据建筑结构特点、平面形状、工程量大小及工期长短、劳动力及资源供应情况、气候及地质情况、现场及周围环境、施工单位技术、管理水平和施工习惯等，从若干个可行方案中选取切实可行的、较先进合理又最经济的施工方案。

1. 确定施工方法和施工机械的原则

（1）体现先进性、经济性和适用性。选择某种施工方法和施工机械时，在保证施工质量的前提下，除应考虑施工方法的先进性外，还应考虑施工单位的技术特点、施工习惯及现有机械的配套使用问题，是否经济和适用，并对不同的方法进行经济分析比较，做出选择。

（2）具有针对性。在确定分部分项工程的施工方法时，应着重考虑主导施工过程的施工方法和施工机械。主导施工过程一般指施工工期长、工程量大、在施工中占重要地位的工程，例如，砌体结构中的墙体砌筑和室内外抹灰等；对工程质量起关键作用的施工过程，如地下防水工程，预应力框架施工中的预应力张拉等；施工技术复杂或采用新结构、新技术、新工艺和新材料的分部分项工程；对施工单位而言，某些结构特殊或缺乏经验的施工过程，如大体积混凝土基础施工等。

（3）符合施工组织总设计和技术的要求。一个工程项目的施工方法和施工机械的选择应符合施工组织总设计中的有关要求，机械的选择还应符合技术要求，如吊装机械型号和数量的选择应符合施工组织总设计中的有关要求。

（4）落实保障性措施。在拟定施工方法时，不仅要拟定操作过程和方法，而且要提出质量要求，拟定相应的保证质量、工期、安全等措施，尽量满足缩短工期、提高质量、降低成本和确保施工安全的要求。

2. 主要分部工程施工方法要点

在施工组织设计中明确施工方法主要是指经过决策选择采纳的施工方法，比如，降水采用轻型井点降水还是井点降水，护坡采用护坡桩还是桩锚组合护坡或喷锚护坡，墙柱模板采用木模板还是钢模板，是整体式大模板还是组拼式模板，模板的支撑体系如何选用，电梯井筒、雨棚阳台、门窗洞口、预留洞模板采用何种形式，钢筋连接形式如何，钢筋加工方式、钢筋保护层厚度要求及控制措施如何，混凝土浇筑方式，商品混凝土的试配，拆模强度控制要求、养护方法、试块的制作管理方法，等等，这些施工方法应该与工程实际紧密结合，能够指导施工。

（1）土石方工程。

①确定基坑、基槽、土方开挖方法、深度、工作面宽度、放坡坡度、土壁支撑形式以及所需人工、机械的数量。当基坑较深时，应根据土壤类别确定边坡坡度和土壁支护方法；当基坑深度低于地下水位时，应选择降低地下水位的方法，确定降低地下水所需设备。

②确定余土外运方法以及所需机械的型号和数量。

③确定地下、地表水的排水方式，排水沟、集水井、井点的布置，所需设备的型号和数量。

(2) 基础工程。

①桩基础施工中,应根据桩型及工期,选择所需机具型号和数量。

②浅基础施工中,应根据垫层、承台、基础的施工要点,选择所需机械的型号和数量。

③地下室施工中,应根据防水要求,留置、处理施工缝,大体积混凝土的浇筑要点、模板及支撑要求,选择所需机具型号和数量。

(3) 砌筑工程。

①砌筑工程中,应根据砌体的砌筑方式、砌筑方法及质量要求,进行弹线、立皮数杆、标高控制和轴线引测。

②选择砌筑工程中所需机具型号和数量。

③明确砌筑施工中的流水分段和劳动力组合形式等。

(4) 钢筋混凝土工程。

①确定模板类型及支模方法,进行模板支撑设计。重点应考虑提高模板周转利用次数。注意节约人力和降低成本,对于复杂工程,还应进行模板设计和绘制模板放样图或排列图。

②确定钢筋的加工、绑扎、焊接方法,选择所需机具型号和数量。例如,钢筋进行现场预应力张拉时,应详细制定预应力钢筋的加工、运输、安装和检测方法。

③选择混凝土的制备方案。例如,采用现浇混凝土还是商品混凝土,选择泵送混凝土还是普通垂直运输混凝土机械。

④确定混凝土的搅拌、运输、浇注、振捣、养护的施工顺序和方法,施工缝的留置和处理,选择所需机具型号和数量。

⑤确定预应力钢筋混凝土的施工方法、控制应力和张拉设备,选择所需机具型号和数量。

(5) 结构吊装工程。

①确定构件的预制、运输、装卸及堆放方法,选择所需机具型号和数量。

②确定构件的吊装方法,安排吊装顺序、机械位置、开行路线及构件的制作、拼装场地等。

(6) 屋面工程。

①确定屋面工程防水层、保温层的施工方法。

②确定屋面工程施工中所用材料及运输方式。

(7) 装饰工程。

①室内外装修工艺的确定。

②确定工艺流程和劳动组织,组织流水施工。

③确定所需机械设备,确定材料堆放、平面布置和储存要求。

(8) 现场垂直运输、水平运输及脚手架等搭设。

①确定垂直运输及水平运输方式、布置位置、开行路线,选择垂直运输及水平运输机具型号和数量。

②根据不同建筑类型,确定脚手架所用材料、搭设方法及安全网的挂设方法。

(9) 特殊项目。

①对"四新"项目,高耸、大跨、重型构件,水下、深基础、软弱地基及冬期施工项目,均应单独编制,单独编制的内容包括:工程平、立、剖面示意图、工程量、施工方法、工艺流程、劳动组织、施工进度、技术要求与质量、安全措施、材料、构件、机具设备需要量。

②对大型土方工程、桩基工程、构件吊装等,均需确定单项施工方法与技术组织措施。

(10) 施工机械的选择。工程施工中机械的使用直接影响到工程施工效率、质量及成本,施工机械的选择是施工方法选择的中心环节,在选择时应注意以下几点:

①首先选择主导工程的施工机械,如地下工程的土方机械,主体结构工程的垂直、水平运输机械,结构吊装工程的起重机械等。

②在选择各种辅助机械或运输工具时,应与主导机械的生产能力协调配套,以充分发挥主导机械效率。例如,土方工程在采用汽车运土时,汽车的载重量应为挖土机斗容量的整数倍,汽车的数量应保证挖土机连续工作,使挖掘机的效率充分发挥。

③在同一工地上,应力求建筑机械的种类和型号尽可能少一些,以利于机械管理。当工程量小而分散时,可选择多用途施工机械。

④机械选择应考虑充分发挥施工单位现有机械的能力,当本单位的机械能力不能满足工程需要时,则应购置或租赁所需新型机械或多用机械。

(五) 主要技术组织措施的制定

技术组织措施是在质量、安全、成本节约和季节施工等方面所采取的保证措施。单位工程项目应严格执行在施工质量验收规范和操作规程的前提下,针对工程施工的特点和施工现场的实际情况,制定相应的技术组织措施。

1. 质量保证措施

工程质量的保证措施从技术和管理两方面入手。

技术保证措施有:

(1) 竣工交付前工程保护。各工种依顺序施工完工之后,由工长、质检员逐间进行检查,对丢落项及不合格地方进行修理,达到交工条件后,将门窗地面、玻璃清理干净,并由值班人员看护,未经工长同意,任何人不得进入,以对工程进行保护,确保顺利交付。

(2) 采购物资质量保证。材料设备部负责物资统一采购、供应与管理,并根据ISO9001:2000 质量标准和《物资采购招标管理办法》,对本工程所需采购和分供方供应的物资进行严格的质量检验和控制。

管理方面的保证措施有:

①施工方案、技术、质量措施,各级负责人要落实到位;
②设计变更、材料变换、施工工艺、操作规程,工程技术人员传达到位;
③质量控制、监督检查,质量检查人员追踪到位;
④工序交替,施工班组长交接,上下班转换,操作人员交换到位;
⑤专业工种施工协调,各级施工负责人指挥到位;
⑥重大施工与安排,主要领导值班到位;

⑦人员、机具、材料调配,各级施工负责人组织到位;
⑧施工月、周计划编制、落实,主要领导研究布置到位;
⑨严把原材料、成品、半成品质量验收关;
⑩严把按施工图纸、国家验收规范检测关、质量验收评定关;
⑪严把施工操作关、现场技术管理关、成品保护关;
⑫严把资料整理归档关。

2. 安全生产的技术组织措施

(1) 安全生产管理制度。为了确保本工程的安全生产管理目标的顺利实现,根据工程范围和特点,工程项目部需要制定和建立相应的安全生产管理制度,并由项目部负责落实实施。

(2) 现场施工安全教育。安全教育既是施工企业安全管理工作的重要组成部分,也是施工现场安全生产的一个重要方面。

(3) 现场安全生产管理措施。
①总承包单位的施工现场管理制度的建立和执行必须依据政府主管部门关于施工现场安全管理的条例。
②总承包单位施工现场配备足够安全帽,以供各专业人士及允许参观现场的人士使用。
③总承包单位必须执行政府单位要求的在白天挂起旗帜、讯号和标记,并在夜间挂起灯号,保障飞机及行人的安全。
④做好施工现场的封闭,做好施工期间的对外宣传。
⑤总承包单位在施工现场根据工程施工的特点和施工工艺的不同,设专职安全员,以保证整个工程施工在有效地控制和管理之中。
⑥总承包范围内的自行分包工程、业主制定分包工程和独立工程在开工前,总承包单位有责任和义务对该工程的施工安全措施进行审核,符合施工要求方可进行施工。

(4) 机械设备的安全使用。要消除机械伤害事故,重视机械的安全使用是十分重要的。机械在使用中应严格遵守安全操作规程。重点考虑三大机械:塔吊、输送泵、施工电梯。

①塔吊。
a. 塔吊使用时,除在顶升高度和使用高度上严格控制以外,还必须根据进度计划安排好作业时间。
b. 附墙安装时,应确保建筑物结构部位有足够的强度,附墙埋件及连接件必须牢固。
c. 塔吊装拆、顶升由专业公司负责,专业技术人员操作,并经安全、机械部门验收合格后,方准使用。
d. 塔吊在六级以上大风、雷雨、大雾天气或超过限重时禁止作业。

②外用电梯。
a. 外用电梯轿厢内外均应安装紧急停止开关。
b. 外用电梯轿厢与楼层间应安装双向通信系统。
c. 外用电梯轿厢所经过的楼层,应设置有机械或电气连锁装置的防护门或栅栏。
d. 每日工作前,必须对外用电梯的行程开关、限位开关、紧急停止开关、驱动机械和制动器等进行空载检查,正常后方可使用,检查时必须有防坠落的措施。

e. 六级以上大风禁止作业。

3. 冬雨夏季施工技术组织措施

(1) 冬季施工技术措施。

①在有霜雪的天气施工的,要首先清除霜雪。特别是在露天平台或脚手架上作业,除要穿防滑鞋外,必要时,还应采取铺草袋等防护措施。

②土建工程要按照冬季施工的方法和规定进行施工,二次灌浆要有防冻措施。

③冬季施工混凝土入模温度要在5℃以上。拌好的混凝土要随到随用,不得储存和二次倒运。

④冬季混凝土的运输要尽量缩短运距,以减少混凝土在运输途中的散热时间。

⑤混凝土浇筑前,应先清除模板,浇筑时应注意保温,混凝土养护可采用草袋外覆塑料布的方法。

⑥各类机械设备要根据各自的规定,先盘车和慢速运转后再进入正常运转。焊接工作要依据环境情况,采取预热和缓冷措施,如气温低于0℃以下存放的手锤、大锤、钻子、扁铲等打击金属工具,使用前要预热,以防崩裂伤人。

⑦冬季取暖要注意防火,使用电炉之后要人走拉闸,严禁点火取暖。组织人员进行消防训练,人人会用消防器材。

⑧其他安全措施。如雾天行车要减速,吊装看不清信号不准起吊,六级风以上不能进行高空作业和吊车吊装作业;各类机械设备及车辆要按使用要求,更换润滑油,以防冻坏设备及车辆,保证安全运行。

(2) 雨季施工措施。

①合理安排雨期施工。为避免雨期窝工造成的损失,一般情况下在雨期到来之前,应多安排完成基础、地下工程、土方工程、室外及屋面工程等不宜在雨期施工的项目;多留些室内工作在雨期施工。

②加强施工管理,做好雨期施工的安全教育。要认真编制雨季施工技术措施,如雨期前后的沉降观测措施,保证防水层雨期施工质量的措施,保证砼配合比、浇筑质量的措施,钢筋除锈的措施等,并认真组织贯彻实施。加强对职工的安全教育,防止各种事故发生。

③防洪排涝,做好现场排水工作。工程地点若在河流附近,上游有大面积山地丘陵,应有防洪排涝准备。施工现场雨期来临前,应做好排水沟渠的开挖,准备好抽水设备,防止地积水和地沟、基槽、地下室等浸水,对工程施工造成损失。

④做好道路维护,保证运输畅通。雨期前检查道路边坡排水,适当提高路面,防止路面凹陷,保证运输畅通。

⑤做好物资的储存。雨期到来前,应多储存物资,减少雨期运输量,以节约费用。准备必要的防雨器材,库房四周要有排水沟渠,防水物资淋雨浸水而变质,仓库要做好地面防潮和屋面防漏雨工作。

⑥做好机具设备等防护。雨期施工时,要对现场的各种设施、机具加强检查,特别是脚手架、垂直运输设施等,要采取防倒塌、防雷击、防漏电等一系列技术措施,现场机具设备中的焊机、闸箱等要有防雨措施。

(3) 夏季施工准备。

①编制夏季施工项目的施工方案。夏季施工条件差、气温高、干燥,针对夏季施工的这一特点,对于安排在夏季施工的项目,应编制夏季施工的施工方案及采取的技术措施,如大体积混凝土在夏季施工时,必须合理选择浇筑时间,做好测温和养护工作,以保证大体积混凝土的施工质量。

②现场防雷装置的准备。夏季经常有雷雨,工地现场应有防雷装置,特别是高层建筑和脚手架等,要按规定设临时避雷装置,并确保工地现场用电设备的安全运行。

③施工人员防暑降温工作的准备。夏季施工时,还必须做好施工人员的防暑降温工作,调整作息时间,从事高温工作的场所及通风不良的地方应加强通风和降温措施,做到安全施工。

4. 消防措施

(1) 施工现场的消防措施必须经消防部门批准后,才能进行工程施工。

(2) 建立现场消防工作领导小组,项目经理任组长。

(3) 成立义务消防队,并经培训合格,定期对职工进行防火教育。定期组织内部的防火检查,建立防火工作档案。

(4) 消防措施和消防通道。应事先制订疏散计划,研究疏散方案和疏散路线,如撤离时途经的门、走道、楼梯等;确定建筑物内某点至安全出口的时间和距离,如商场的营业厅由厅内任何一点至最近疏散出口的直线距离不宜超过 20 米;计算疏散流量和全部人员撤出危险区域的疏散时间,保证走道和楼梯等的通行能力,如楼梯的总宽度应按每通过人数 100 人不小于 1 米计算,且规定有最小净宽,如医院的疏散楼梯宽度不小于 1.3 米,住宅不小于 1.1 米,还必须设置指示人们疏散、离开危险区的视听信号。

(5) 现场配电室内设置砂箱和专用消防器材。用电机械、各种加工厂、食堂及施工作业层均设专用消防设备。

(6) 施工作业用明火必须经保卫部门审批,领取用火证后方可作业。用火证只在指定地点限定的时间内有效。

(7) 电、气焊作业及安装电气设备必须由合格的专业技术人员操作。

(六) 施工方案的评价

工程项目施工方案评价的目的是为了避免施工方案的盲目性、片面性,在方案付诸实施前分析出经济效益,保证所选方案的科学性、有效性和经济性,以达到提高质量、缩短工期、降低成本的目的,从而提高工程施工的经济效益。

1. 评价方法

(1) 定性评价方法。这种方法是根据经验对施工方案的优劣进行分析和评价,如工期是否合理,可按工期定额进行分析;流水段的划分是否适当等。定性评价方法比较方便,但不精确,决策易受主观因素影响。

(2) 定量评价方法。

①多指标比较法。在应用该方法时要注意应选用适当的指标,以保证指标的可比性。多指标比较法主要用于在所比较的方案中,有一个方案的各项指标均优于其余的方案、优劣对比明显时的情况。如果各个方案的指标优劣不同,则应该采用其他方法。

②评分法。这种方法是组织专家对施工方案进行评分,采用加权计算法计算各方案的

总分,以总分高者为优。这是在案例分析中常用的一种方法。

③价值法。这种方法是通过计算各方案的最终价值,以价值大小来评定方案的优劣。

2. 评价指标

(1) 经济指标。主要反映为完成任务必须消耗的资源量,由一系列价值指标、实务指标和劳动指标组成,如工程施工成本消耗的机械台班台数,用工量及其钢材、木材、混凝土等材料消耗量,这些指标能评价方案是否经济合理。

(2) 技术指标。一般用各种参数表示,如大体积混凝土施工时,为了防止裂缝的出现,体现浇筑方案的指标有:浇筑速度、浇筑厚度、水泥用量等。模板方案中的指标有:模板面积、型号、支撑间距等。技术指标的应用应与施工对象相结合。

(3) 效果指标。主要反映采用某施工方案后所达到的效果。效果指标主要有工期、成本、劳动力消耗、主要材料消耗和投资额等。

①工期指标。若要求工程较早投入使用,在保证工程质量、安全、成本较低的条件下,优先考虑缩短工期。工期指数 T 计算式为:

$$T = \frac{Q}{V} \tag{5-1}$$

式中:Q——工程量;

V——单位时间内计划完成的工程量(流水施工中为流水强度)。

②成本指标。该指标可以综合反映采用不同施工方案时的经济效果,可用降低成本率 R_c 表示,计算式为:

$$R_c = \frac{C_o - C}{C_o} \tag{5-2}$$

式中:C_o——预算成本;

C——施工方案的计划成本。

③劳动量指标。该指标能反映施工机械化程度和劳动生产率水平。一般劳动消耗量越小,机械化程度和劳动生产率水平越高。劳动消耗量单位为工日,有时也用单位产品劳动消耗量表示。劳动消耗量 N 计算式为:

$$N = N_1 + N_2 + N_3 \tag{5-3}$$

式中:N_1——主要工种用工;

N_2——辅助用工;

N_3——准备工作用工。

工期指标和劳动量指标属于工程效果指标,成本指标属于经济效果指标。除此之外,主要材料消耗指标和投资额指标也属于经济效果指标。主要材料消耗指标反映若干施工方案的主要材料节约情况,投资额指标用于施工方案购买新的机械和设备需要增加新的投资时的情况。

二、任务实施

某框架结构办公楼编制背景如下:二层办公楼,长为20m、宽为10m、层高为3.3m。办公楼准备1个月主体完工,其中包括主体、屋面、台阶、散水。工期较紧,为顺利保证工程质量和工期要求,需要编制一个施工方案,以指导现场施工。

编制施工方案的主要内容及注意事项如下：

(一) 施工工艺流程

框架结构层施工工艺流程：抄平、放线→柱筋制绑（钢筋隐蔽）→支柱模板（模板补缝，复核）→支梁底模板（模板检查、校正、复核）→制绑梁筋（复核）→支梁侧模及板模（模板检查、校正、复核）→制绑板筋（检查、验收、签字）→浇灌柱梁板砼，取样（养护）→反复循环进行。

(二) 模板工程

1. 模板、支模架选材及支设方法

(1) 墙柱模。支撑架必须与梁架及楼板满堂架连成整体。

(2) 梁模。采用12mm厚镜面覆膜胶合板，梁底模按3/1000起拱（当梁净跨大于4m时）。当梁高≥700mm时，设对拉螺栓，其间距宜在0.5~0.7m。梁采用钢管支撑承重，其立杆间距800mm，对于大于800mm的梁，在梁底加设一根立杆支撑，支撑架横杆步距为1200~1500mm，并设扫地杆和剪刀撑。

(3) 楼板模板。采用12mm厚木模板，辅以50mm×80mm木枋，间距小于或等于300mm。板承重架采用满堂钢管脚手架，立杆间距为1000mm×1000mm。

(4) 楼梯模板。底模采用胶合板，侧模采用木模。

①楼梯模板施工前，应根据实际层高放样，确定楼梯板底模高度和踏步平面、立面位置。

安装顺序：立平台梁模板→立平台板模板→钉托木，支搁栅→支牵杆、牵杆撑→支外侧模→钉踏与侧模→钉反三角木。

②搭设竖向脚手架和水平连系杆。

③搭设支底模的纵横向钢管，铺楼梯底模，模板采用12mm厚木模板。

④等绑扎好楼梯钢筋后安装楼梯外帮侧板，钉好固定踏步侧板的挡木。

⑤在侧板处用套板画出踏步位置线。

⑥安装踏步立模，模板高度为楼梯踏步高度减去模板厚度，模板顶为踏步平面，将踏步立模和两边侧模固定。

⑦在踏步模上每米固定三角木，每隔三个踏步用对拉螺栓$\phi 14$将楼梯底板和踏步模板拉紧固定，为周转使用，对拉螺栓套上PVC管。

2. 模板及其支架应符合的规定

(1) 墙柱模支撑采用钢管与梁板支承架连成整体。

(2) 梁板：本工程现浇梁板面积较大，周转材料用量大，针对这一特点，为了缩短工期、加快周转材料周转，降低造价，梁板模采用快拆体系。

(3) 为保证结构几何尺寸和相对位置的准确性，模板各部分尺寸必须与设计相符。模板和支架必须具有足够的强度、刚度和稳定性。

(4) 施工前，设计出模板配制图，并标出模板位置、型号和数量。有特殊要求时，应加文字说明，并放出全部或局部大样，对较复杂的现浇结构，应做出样板。配板前，应熟悉施工图，根据结构形式，尺寸和砼浇筑方法进行配制。

(5) 模板的接缝不应漏浆。

3. 支模程序

模板使用前必须刷隔离剂。

（1）墙柱模支模程序：放线→设置定位基准→支模→搭支撑、调直纠偏→安装对拉螺杆→全面检查校→柱墙模群体固定→清除柱墙模内杂物→抹水泥砂浆封柱脚。

（2）梁支模程序：放线→搭设支模架→支梁底模→梁模起拱→绑扎钢筋、安垫块→支梁侧模→固定梁模夹→支梁、柱节点模板→检查校正→安梁口卡→相邻梁模固定。

（3）板支模程序：复核板底标高→搭设支模架→安放支模龙骨→安装模板→安装柱→梁节点模板→安放预埋件及预留孔模等→检查校正→交付使用。

4. 模板构造及安装

（1）模板安装应符合的要求：

①进行模板设计，确定模板平面位置。本工程模板预拼装量大，应先做好拼装准备，拼装后进行编号，并刷脱模剂，分规格堆放，专人管理。如发现变形，应及时进行修理。

②模板支设必须准确掌握构件的几何尺寸，保证轴线位置的准确。

③模板施工应完全按照现场文明施工方法，完全遵守现场安全施工守则，确保模板施工安全文明。

④模板所有零配件以及架体应安装牢固可靠，模板应具备足够的强度、刚度及稳定性，能可靠地承受浇筑砼的重量、侧压力以及其他施工载荷，浇筑前，应检查承重架及加固支撑扣件是否拧紧。避免在施工过程中发生安全事故。

⑤柱节点支模时模板下跨高度控制在 200～300mm，模板下跨部分至少加一道箍。

⑥为防止竖向柱混凝土烂根，立模板前模板下应抄平，抹找平砂浆。砂浆内边要用靠尺比着墙皮墨线抹直。这样，浇筑混凝土时不会因模板底不平、有空隙而漏浆。浇完混凝土，拆模后，把砂浆层铲掉，不用再修补剔凿混凝土根部。

⑦门窗口增加斜撑和足够的水平支撑，保证窗口不变形。

⑧顶板模板施工时，采用激光水平仪，控制模板的水平度。

⑨竖向构件吊垂线，梁、墙及悬挑结构采用拉通线的方法，并坚持在打混凝土不撤线，随时观察模板变形及时调整模板。

⑩现浇钢筋砼梁、板，当跨度等于或大于 4m 时，模板应起拱。起拱高度为全长的 1‰～3‰，跨度大于 2m 的悬臂梁为全长的 3‰～4‰。

⑪为防止混凝土在硬化过程中与模板粘结，影响脱模，在支模之前，应在清理过的模板表面上（包括第一次使用的模板）涂刷隔离剂，对隔离剂的基本要求是：不粘结、易脱落、不污染砼、易于操作、易清理、无害于人体、不腐蚀模板。

⑫安装模板时需有保护措施：模板由塔吊吊装就位时，因钢筋绑扎好，钢筋很容易损伤面板，这时需有施工工人在现场扶住模板，轻轻就位，避免损伤模板。

⑬在靠近模板电焊钢筋、钢管时，在施工焊处的模板面应用铁皮垫隔，防止焊火烧坏模板板面。

⑭在安装模板之前，应将各种电管、水管等按图就位，避免模板安装好后二次开洞，模板自身就位时也应严格按照配模图纸进行安装。

⑮浇捣、振捣混凝土时，震动器不能直接碰到板面上，避免磨损撞坏面板，同时振捣

时间要按规范规定，要适时，以防模板变形。

⑯模板的安装误差应严格控制在允许范围内，超过允许值必须校正，见下表。

模板安装允许偏差 （单位：mm）

项目		允许偏差
轴线位置		5
底模上表面标高		±5
截面内部尺寸	基础	±10
	柱、墙、梁	+4-5
层高垂直	全高≤5m	6
	全高>5m	8
相邻两板表面高低差		2
表面平整（2m长度上）		5

（2）模板的拆除。模板拆除时，要预先制定好拆摸顺序，根据施工现场所在地面的温度情况，掌握好混凝土达到初凝的时间，拆模时不得用铁锹撬开模板，还要注意保护模板边角和混凝土边角，模板在拆运时，均应人工传递，要轻拿轻放，严禁摔、扔、敲、砸。拆下的模板要及时清理，清理残渣时，严禁用铁铲、钢刷之类的工具清理，可用模板清洁剂，使其自然脱落或用木铲刮除残留混凝土。

拆除模时间：侧模板以不损坏砼表面及楞角时，方可拆模，当各结构构件的混凝土达到下表所列设计强度标准值时方可拆模。

结构类型	结构跨度（m）	按设计的砼强度标准值的百分率（%）
板	>2，≤8	75
	>8	100
梁	≤8	75
	>8	100
悬臂构件	≤2	75
	>2	100

（三）钢筋工程

1. 钢筋原材质量要求

（1）钢筋进场必须有出厂质量证明书和试验报告，并按规定抽样送检，合格后方能使用，每捆（盘）钢筋均应有标牌。

（2）本工程钢筋用量大、品种多，进场的每批钢筋用完后，钢筋工长、试验人员必须在试验报告合格证明书上注明该批钢筋所用楼层的部位，以便今后对结构进行分析，确保工程质量。

(3) 钢筋在储运堆放时，必须挂标牌，并按级别品种分规格堆放整齐，钢筋与地面之间应支垫不低于200mm的地垄或搭设钢管架。对于数量较大、使用时间较长的钢筋表面应加覆盖物，以防止钢筋锈蚀和污染。

(4) 钢筋在加工过程中，如发生脆断、焊接性能不良或力学性能不正常等现象，应对该批钢材进行化学成分分析，不符合国家标准规定的钢材不得用于工程。

(5) 钢筋规格品种不齐，需代换时，应先经过设计单位同意和验算后，方可进行代换并及时办理技术核定单。

2. 钢筋的加工制作

钢筋加工允许偏差表

项目	允许偏差（mm）
受力钢筋顺长度方向全长的净尺寸	±10
弯起钢筋的弯折位置	±20
弯起钢筋的弯起高度	±5
箍筋边长	±5

(1) 根据现场总平面布置，主体施工阶段钢筋加工场地设在地下室顶板上，具体位置详见施工平面布置图。

(2) 钢筋成型加工前的接长采用闪光对焊，对钢筋的进料长度和下料长度应进行综合比较，准确下料，尽量做到不丢短节，以节约钢筋。

(3) 对于结构部位、节点复杂的构件，应认真全面熟悉图纸，弄清各部位钢筋锚固方式及长度，对梁、柱节点各处钢筋排放位置进行合理编排，避免绑扎时发生钢筋挤压成堆的情况，按图放样，在施工前对每一型号钢筋均应先试制无误后，方可批量生产。

(4) 所有加工钢筋尺寸必须满足设计图纸和施工验收规范的要求，箍筋弯钩为135°，且平直长度不小于规范和设计的要求，箍筋制作弯心应大于主筋直径。

3. 钢筋的绑扎

(1) 钢筋的连接方式。大于或等于$\phi 16$的柱竖向钢筋均采用电渣压力焊接接长，小于$\phi 16$的柱竖向钢筋采用绑扎搭接接长，楼板受力通长钢筋采用搭接接长。梁水平钢筋采用闪光对焊或窄间隙焊接长。

(2) 梁钢筋绑扎。

①钢筋接头位置：梁底部钢筋在支座处，上部钢筋在跨中1/3范围内，接头钢筋搭接长度及搭接位置应符合规范要求。

②在完成梁底模板及1/2侧模通过质检员验收后，即施工梁钢筋，按图纸要求先放置纵筋，再套外箍，梁中箍筋应与主筋垂直，箍筋的接头应交错布置，箍筋转角与纵向钢筋的交叉点均应扎牢。箍筋弯钩的叠合处，在梁中应交错绑扎。梁筋绑扎同时，木工可跟进封梁侧模。

③向受力钢筋出现双层或多层排列时，两排钢筋之间应垫以直径25mm的同梁宽同长钢筋。

④主梁的纵向受力钢筋两端的搁置长度应保持均匀一致，次梁的纵向受力钢筋应支承在主梁的纵向受力钢筋上。

⑤框架梁接点处钢筋穿插十分稠密时，梁顶面主筋的净间距要留有30mm，以利于灌注混凝土。

⑥当梁筋绑好后，立即放置砂浆垫块于梁纵向受力筋下，每根钢筋间距为1000mm。

（3）板钢筋绑扎。

①绑扎钢筋前，应修整模板，将模板上垃圾杂物清扫干净，在平台底板上用墨线弹出控制线，并用红油漆或粉笔在模板上标出每根钢筋的位置。

②按画好的钢筋间距，先排放受力主筋，后放分布筋，预埋件、电线管、预留孔等同时配合安装并固定。待底排钢筋、预埋管件及预埋件就位后，交质检员复查，清理场面后，方可绑扎上排钢筋。

③钢筋采用绑扎搭接，下层筋不得在跨中搭接，上层筋不得在支座处搭接，搭接处应在中心和两端绑牢，Ⅰ级钢筋绑扎接头的末端应做180°弯钩。

④板钢筋网的绑扎施工时，四周两行交叉点应每点扎牢，中间部分每隔一根相互成梅花式扎牢，双向主筋的钢筋必须将全部钢筋相互交叉扎牢，邻绑扎点的钢丝扣要成"八"字形绑扎（右左扣绑扎）。下层180°弯钩的钢筋弯钩向上；上层钢筋90°弯钩朝下布置。为保证上下层钢筋位置的正确和两层间距离，上下层筋之间用马凳筋架立。

⑤板、次梁与主梁交叉处，板的钢筋在上，次梁的钢筋在中层，主梁的钢筋在下。

⑥板按1m的间距放置垫块，梁底及两侧每1m均在各面垫上两块垫块。

（四）砼工程

1. 自拌砼原材料选用及配合比要求

本工程砼采用自拌砼，首先要按照设计图纸要求砼强度等级，选择水泥品种，砂石骨料粒径。含泥量、有害成分必须符合要求，水泥除有质保书外还需要做好安定性和强度复试，砂石料的筛分试验和级配试验，根据级配试验确定试验配合比，根据现场所用砂石含水量调整现场施工配合比，选择施工机械及机械及计量器具（包括磅秤、坍落度筒、试块盒等），并进行现场施工技术交底和配合比挂牌施工，机械设备操作定人、定机、定岗。砼浇捣前应对前道工序钢筋绑扎，模板验收完成符合要求后进行，控制标高，轴线等。水泥入库、进场同批号堆放一库，砂、石料分类隔仓堆放。

（1）水泥选用普通硅酸水泥，水泥进场必须有出厂合格证和进场试验报告。

（2）细骨料用中砂，细度模数为2.5~3，含泥量不大于3%，砂率宜控制在40%~50%。

2. 砼施工顺序

柱、梁板依次浇筑，自远端依次后退进行。

3. 砼的运输

4. 混凝土泵送和布料

混凝土运输、浇筑和间歇的允许时间 　　　　（单位：min）

混凝土强度等级	气候	
	≤25℃	>25℃
不高于 C30	210	180
高于 C30	180	150

注：当混凝土中掺有外加剂时，其允许间隙时间应通过试验结果确定。

5. 砼的浇筑

（1）砼浇筑前，应对模板、支架、钢筋、预埋件、预留洞等进行细致检查，并做好自检和工序交接记录。钢筋上的泥土、油污、模板内的垃圾杂物应清除干净，木模板应浇水湿润，缝隙应堵严。

（2）混凝土自高处倾落时，其自由倾落度不宜超过 3m；当高度超过 3m 时，应设串筒下料，以防止砼产生分层、离析。

（3）砼应分段分层进行浇筑，本工程分层厚度梁、柱为 500mm，框架节点核心区为 150mm。

（4）砼必须连续浇灌，以保证结构良好的整体性。如必须间歇时，间歇时间不得超过有关规定，即砼强度等级小于 C30 即为 180 分钟，大于 C30 时为 150 分钟（掺有外加剂时应根据试验结果确定）。砼浇筑后，应用机械振捣密实。

6. 主要部位的砼浇筑

（1）柱浇筑。柱浇筑应分层进行。浇筑时，在底部先铺一层 5~10cm 厚减半石砼或去石子水泥砂浆，以避免底部产生蜂窝，保证底部接缝质量。

（2）梁、板浇灌。梁板应同时浇灌。先将梁的砼分层浇筑成阶梯形向前推进，当达到板底标高时再与板的砼一起浇捣，随着阶梯不断延长，板的浇筑也不断向前推进。

（3）梁、柱节点。在浇筑柱、梁及主次梁交接处，由于钢筋较密集，且有预留管道要加强振捣，以保证密实，必要时，在节点处采用部分同强度等级的细石砼浇筑，采用片式振动棒或辅以人工捣固。

7. 混凝土振捣

每一振点振捣延续时间应使混凝土表面出现浮浆和不再沉落为宜。当采用插入式振捣器时，振动棒移动间距不宜大于振捣器作用半径的 1.5 倍；振捣器与模板的距离不应大于其作用半径的 0.5 倍，并应避免碰撞钢筋、模板、预埋件等；振捣器插入下层混凝土内的深度应不小于 50mm。

当采用平板振动器时，其移动间距应保证振动器的平板能覆盖已振实部分的边缘。

加强节点处、转角处。钢筋密集处振捣，此部位可用小直径振动棒，保证振捣到位，不得出现漏振现象。

8. 保证砼顺利浇筑的措施

（1）浇筑前，在对钢筋、模板、预留、预埋等检验合格并办理隐蔽签证，同时还应办理浇筑部位的砼浇灌许可证,在充分准备和检查后方可进行浇筑。需要夜间施工时,应提前办理好夜间施工许可证。

(2) 浇灌砼前,应对机械设备进行进一步检查,应保证器具完好、配电线路畅通。

(3) 砼浇筑前,应搭设好砼临时运输道路,并合理组织安排劳动力,以保证砼顺利浇灌。

(4) 混凝土浇筑施工时,设专人在路口指挥车辆进出,保证车辆运输安全通行。

(5) 混凝土的振捣工作由经过培训的专业技术工人进行操作,确保混凝土的密实性,严禁出现蜂窝麻面及大面积气泡现象。

(6) 混凝土应按规范要求分层,分部位取样做强度试验,以便做好混凝土强度控制,混凝土终凝后 1~2 小时开始浇水养护,养护时间不得少于 14 昼夜。

(7) 在混凝土振捣时,严禁振动棒碰撞钢筋,以免移位。

9. 混凝土质量检查

在拌制和浇筑过程中,应按下列规定进行检查:检查拌制混凝土所用原材料的品种、规格和用量,检查混凝土在浇筑点的塌落度;每一工作台班至少两次。

应进行抗压强度试验。用于检查结构构件质量的构件,应在混凝土浇筑地点随机取样制作。试件的留置应符合下列要求:

对不超过 100m³ 的同配合比的混凝土,取样不得少于一组(每组 3 块)。

对每一现浇楼层同配合比的混凝土,取样不得少于一组。每次取样应至少留置一组标准试件,同条件养护试件的留置组数可根据实际需要确定。

以上每次取样至少留置一组标准试件,每组三个试件应在同盘砼中取样制作。

混凝土强度试块均放置在养护池自然养护。

(五) 围护砌体工程施工

1. 材质要求

(1) 原材料要求。空心砖及页岩实心标砖的规格、强度必须符合设计要求,并且有出厂合格证方可进场。砌体砌筑前 1~2 日洒水润湿,标准达到外湿内干,含水率 15%。

(2) 砌筑砂浆的制配。

①配制砂浆用洁净的中砂不得含草根、废渣等杂物,并过筛,且含泥量不超过 5%。

②砂浆配合比采用容重比,水泥、塑化剂的计量误差控制在 2% 以内,砂石、灰膏的计量误差控制在±5% 以内。

③砂浆搅拌时间≥2 分钟,水泥砂浆最小水泥用量不宜小于 200kg/m³。

④砌筑砂浆分层度不大于 30mm,稠度以 70~90 为宜。砌筑砂浆应在拌制后 4 小时内使用完毕,气温高于 30℃时,时间缩短 1 小时。

⑤砂浆试件在出料口随机取样制作。

2. 施工准备

(1) 运到现场的砖及砌块应分规格等级堆放,堆垛上设标志,堆场必须平整,做好排水,堆放高度不超过 1.6m,堆垛之间保持相当的通道。

(2) 将砌体基层清扫干净,并在基层上弹好轴线、边线、门窗洞口位置和其他尺寸线,并立好皮数杆。

(3) 砌体主要采用塔吊及施工电梯运输到相应楼层。

3. 砌体砌筑施工

(1) 砌筑前将基层清扫干净,并扫刷素水泥浆一道。

(2) 在开始砌筑前,弹出墙体砌筑边线,划分出门窗洞口位置线,并在填充墙两端的结构上标注出窗台、门窗洞口顶标高。

(3) 砌筑时,必须立皮数杆挂线,以保证缝横平竖直。

(4) 排列砌块:在弹好线的楼面上,按页岩砖砌块排列图的组合平面预排,特别是门窗洞口及墙垛等位置符合模数。将页岩砖砌块从房屋的一个大头角(转角墙或"L"形墙)排列到另一个大头角,砌块应留8~12mm缝隙,排好后挂通线,然后把搁底的三线标砖砌好,作为上部砖砌体的砌筑标准。

(5) 挂线:为保证墙体垂直、平整,砌筑时必须挂通线,并以双面挂线为准。

(6) 砌筑:页岩砖块的砌筑采用抹灰挤浆法,先用瓦刀在砖的底面(反砌)的围肋上满铺灰浆、铺灰长度为2~3m,再在待砌的页岩砖砌块端头抹头灰,然后双手搬运页岩砖块进行挤浆砌筑。砌筑时,应做到横平竖直,灰缝应饱满密实,严禁用水冲浆灌缝。

(7) 砌体施工应严格按《砌体工程施工及验收规范》施工,空心砖墙中洞口、预埋件和管道处也应砌筑成实心砖砌体。

(8) 所有墙体必须通过间距不大于500mm的拉结钢筋与框架柱、构造柱拉结。穿越墙体的水管严防渗水。

(六) 构造措施

1. 水、电管线的敷设处理

墙体砌筑与管线敷设应同步,水平方向的管线可设置在梁下或梁孔板内,垂直管线要随砌筑进度预埋在空心砖砌体内(电线管内穿入12号铁丝备用)。开关盒、接线盒、插座盒等与空心砖间的孔隙应用C10级细石砼密实,以保证水、电管线的安装质量。

2. 填充墙与钢筋混凝土墙(柱)交接处理

当填充墙与钢筋混凝土墙(柱)交接时,应在钢筋混凝土墙(柱)处,每间隔600mm预留2ϕ6拉结筋,钢筋伸入墙内不小于1000mm。

3. 构造柱的设置

本工程凡墙体转角处,丁字墙交接处及墙体大于6m时,均需设置构造柱。

4. 门窗洞边处理

门窗洞边200mm内砌体选用实心砖或砌筑砂浆填实的空心块砌筑。

5. 不同材质墙体处理

凡两处不同材质的墙体及与框架梁交接处,均加300mm宽钢丝网或玻纤网格布拉接,以防止抹灰开裂。

6. 混凝土翻边处理

凡厨房、卫生间在除门洞外的墙身根部用C20混凝土做翻边处理,厚度同墙宽。

(七) 砌筑工程质量保证技术措施

(1) 砌筑的水平灰缝厚度和竖直灰缝宽度控制在8~12mm,严禁用水冲浆灌缝。

(2) 每一楼层250m³的砌体,每种强度等级的砂浆至少制作两组(每组6个)

试块。

（3）砌筑时，应先远后近、先外后内。在每层开始时，应从转角处或定位砌块处开始，应吊一皮，校一皮，控制砌块标高和墙面平整度，砌筑应做到横平竖直，砂浆饱满，接槎可靠，灰缝严密。

（4）经常检查脚手架是否够坚固，支撑是否牢靠，连接是否安全，脚手架严禁超载。

（5）为减少裂缝，填充墙顶部塞口在墙砌筑 7 天后方能砌筑封闭。后塞口可采用烧结页岩砖斜砌挤紧，砖倾斜度为 45°~60°，砂浆应饱满，避免与梁底接合部位产生裂缝。

三、学习效果评价反馈

（一）学生自评

根据对编制施工方案的相关知识，完成下列问题：

(1) 什么是施工流向？施工流向的确定原则有哪些？
(2) 什么是施工顺序？确定施工顺序时应考虑哪些因素？举例说明。
(3) 基础工程和屋面工程施工顺序分别是什么？
(4) 砖混结构和装配式结构的施工顺序有什么不同？
(5) 确定多层建筑施工起点与流向应考虑哪些因素？
(6) 装饰工程施工顺序有哪些？
(7) 冬雨季施工保证措施有哪些？
(8) 施工方案的评价方法和评价指标有哪些？
(9) 工期指标和劳动量指标如何计算？

（二）学习小组评价

班级：_____ 姓名：_____ 学号：_____

学习内容	分值	评价内容	得分
基础知识	30	编制施工方案的程序；施工流向和施工顺序的确定；基础工程、主体结构工程、装饰工程和屋面工程的施工顺序；施工方案的技术组织措施；施工方案的评价方法；施工方案的评价指标	
应会技能	10	能明确施工方案的程序	
	20	能理解施工流向和施工顺序	
	10	能说明施工方案的技术组织措施和评价方法	
	20	会编写单位工程的施工方案	
学习态度	10		
合计	100		
学习小组组长签字： 年 月 日			

(三) 任课教师评价

班级：_____ 姓名：_____ 学号：_____

评价内容	分值	简　评	得分	教师签字
准备工作情况	20			
课堂表现情况	30			
任务完成质量	30			
团结协作精神	20			
合计	100			
备注			年　月　日	

任务三　施工进度计划的编制

☞ 学习目标：

1. 了解施工进度计划的分类；
2. 理解进度计划的编制依据；
3. 掌握进度计划的编制程序；
4. 掌握编制进度计划的具体步骤。

一、相关知识

施工进度计划是表示各项工程（单位工程、分部工程或分项工程）的施工顺序、开始和结束时间以及相互衔接关系的计划。它既是承包单位进行现场施工管理的核心指导文件，也是监理工程师实施进度控制的依据。施工进度计划通常是按工程对象编制的。若是施工组织总设计中的单位工程，还应满足施工总进度计划的要求，在这个基础上，可以编制劳动力计划，材料供应计划，成品、半成品计划，机械需用量计划等。所以，施工进度计划是施工组织设计中一项非常重要的内容。

（一）进度计划的分类

（1）根据进度计划的表达形式，施工进度计划可以分为横道图和网络图两种。这两种形式均按照其施工部署中的进度安排和空间组织进行编制，对工程的施工顺序、各个项目的持续时间及项目之间的搭接关系、工程的开工时间、竣工时间及计划工期等做出安排。

（2）根据实际需要和其对施工的指导作用不同，施工进度计划可分为控制性进度计划和实施性进度计划两种。

控制性进度计划适应于施工工期长、结构复杂、规模较大、资源供应暂时无法全部落实，或者工程的工作内容可能发生变化和某些构件的施工方法暂时不能全部确定的情况。一般按照分部工程来划分施工项目，以控制分部工程的施工进度。

实施性进度计划是按施工过程或进度计划划分施工项目，是控制进度计划的补充，具体确定各施工过程的施工时间及其相互搭接、配合关系。它适用于施工任务具体明确、施工条件基本落实、各项资源供应正常和施工工期不长的工程。它的编制可与控制性进度同时进行，也可在其后进行。

（二）进度计划的编制依据

（1）经批审的建筑总平面图、地形图、单位工程施工图、设备及基础图、适用的标准图及技术资料；

（2）施工总工期及开、竣工日期；

（3）施工条件、劳动力、材料、构件及机械供应条件等；

（4）主要分部（分项）工程的施工方案；

（5）劳动力定额、机械台班定额及本企业的施工水平；

（6）工程承包合同、分包单位情况和业绩的要求；

（7）其他有关资料，如气候、不可抗力因素等。

（三）编制进度计划的程序与步骤

1. 编制进度计划的程序

编制进度计划的程序是：收集编制依据→划分施工项目→计算工程量→套用施工定额→计算劳动量或机械台班消耗量→确定施工项目延续时间→编制初步计划方案→判别进度计划（工期是否符合要求；劳动力、机械是否均衡；材料是否超过供应限额）→编制正式进度计划（进度计划合格的基础上编制，若不符合要求，需进一步进行调整直到符合要求。）

2. 编制进度计划的编制步骤

（1）划分施工过程。施工过程是进度计划的基本组成单元，其包含的内容多少、划分的粗细程度，应该根据计划的需要来决定。一般说来，单位工程施工进度计划的施工过程应明确到分项工程或更具体，以满足施工作业的要求。在确定施工过程时，应注意以下几方面：

①施工过程划分的粗细程度主要取决于进度计划的客观需要。对于大型建设工程，经常需要编制控制性施工进度计划，此时工作项目可以划分得粗一些，一般只明确到分部工程即可。如果编制实施性施工进度计划，工作项目就应划分得细一些。在一般情况下，单位工程施工进度计划中的工作项目应明确到分项工程或更具体，以满足指导施工作业、控制施工进度的要求。

②施工过程的划分应结合所选择的施工方案。例如，结构吊装工程采用分件吊装法时，应列出柱吊装、梁吊装、屋架扶直就位、屋盖吊装等施工项目，而采用综合吊装法时，只要列出结构吊装一项即可。

③适当简化施工进度计划内容，避免工程划分过细、重点不突出。某些施工项目可以单独列项，有些施工项目可以适当合并。对于工程量大、工期长、施工复杂的项目以及凡

影响下一道工序施工的项目和穿插配合施工的项目,应单独列项,如水暖电卫工程和设备安装、结构吊装、支模板、绑钢筋等;对于一些次要的工程,工程量小及同一时间可由同一工种施工的、关系密切的施工过程可以合并,如各种油漆工施工,包括门窗、栏杆等,基础挖土和垫层均可合并。

④一般而言,所有施工过程应按施工顺序先后排列,所采用的施工项目名称可参考现行定额手册上的项目名称。

(2) 计算工程量。工程量的计算应根据施工图和工程量计算规则,针对所划分的每一个工作项目进行。当编制施工进度计划时,如已经有了预算文件,则可直接利用预算文件中有关的工程量。若某些项目的工程量有出入但相差不大时,可结合工程项目的实际情况做一些调整和补充。计算工程量时应注意以下几方面:

①工程量的计算单位应与现行定额手册中所规定的计量单位相一致,以便计算劳动力、材料和机械数量时直接套用定额,而不必进行换算。

②要结合具体的施工方法和安全技术要求计算工程量,如土方开挖应考虑土的类别、挖土的方法、边坡护坡处理和地下水的情况。

③应结合施工组织的要求,按已划分的施工段分层分段进行计算。

(3) 计算劳动量和机械台班数。当某工作项目是由若干个分项工程合并而成时,则应分别根据各分项工程的时间定额(或产量定额)及工程量,按下式计算出合并后的综合时间定额 H(或综合产量定额):

$$H = \frac{Q_1 H_1 + Q_2 H_2 + \cdots + Q_n H_n}{Q_1 + Q_2 + \cdots + Q_n} \tag{5-4}$$

式中:H——综合时间定额;

$Q_1, Q_2, \cdots, Q_n$——合并前各分项工程的工程量;

$H_1, H_2, \cdots, H_n$——合并前各分项工程的产量定额。

在实际应用时,应特别注意合并前各分项工程工作内容和工程量的单位是否一致,只有单位一致时,$\sum Q_i$ 才能为各分项工程工程量之和。根据工作项目的工程量和所采用的定额,即可计算出各工作项目所需要的劳动量和机械台班数。

$$P = QH \tag{5-5}$$

或

$$P = \frac{Q}{S} \tag{5-6}$$

零星项目所需要的劳动量可结合实际情况,根据承包单位的经验进行估算。

由于水暖电卫等工程通常由专业施工单位施工,因此,在编制施工进度计划时,不计算其劳动量和机械台班数,仅安排其与土建施工相配合的进度。

(4) 确定工作项目的持续时间。根据工作项目所需要的劳动量或机械台班数以及该工作项目每天安排的工人数或配备的机械台数,即可计算出各工作项目的持续时间 D:

$$D = \frac{P}{RB} \tag{5-7}$$

式中:P——工作项目所需要的劳动量(工日)或机械台班数(台班);

R——每班安排的工人数或施工机械台数;

B——每天工作班数。

在安排每班工人数和机械台数时,应综合考虑以下几方面:

①要保证各个工作项目上工人班组中每一个工人拥有足够的工作面(不能少于最小工作面),以发挥高效率并保证施工安全。

②要使各个工作项目上的工人数量不低于正常施工时所必需的最低限度(不能小于最小劳动组合),以达到最高的劳动生产率。

由此可见,最小工作面限定了每班安排人数的上限,而最小劳动组合限定了每班安排人数的下限。对于施工机械台数的确定也是如此。

每天的工作班数应根据工作项目施工的技术要求和组织要求来确定。例如,浇筑大体积混凝土,要求不留施工缝连续浇筑时,就必须根据混凝土工程量决定采用双班制或三班制。

以上是根据安排的工人数和配备的机械台班数来确定工作项目的持续时间。但有时根据组织要求(如组织流水施工时),需要采用倒排的方式来安排进度,即先确定各工作项目的持续时间,然后以此来确定所需要的工人数和机械台数,即可确定各工作项目所需要的工人数和机械台数。具体计算方法可以参见学习情境二中有关流水施工的确定内容。

$$R = \frac{P}{DB} \tag{5-8}$$

如果根据上式求得的工人数或机械台数已超过承包单位现有的人力、物力,除了寻求其他途径增加人力、物力外,承包单位应从技术上和施工组织上采取积极措施加以解决。

(5)绘制施工进度计划图。首先应选择施工进度计划的表达形式。目前,常用来表达建设工程施工进度计划的方法有横道图和网络图两种形式。横道图比较简单,而且非常直观,多年来被人们广泛地用于表达施工进度计划,并以此作为控制工程进度的主要依据。

但是,采用横道图控制工程进度具有一定的局限性。随着计算机的广泛应用,网络计划技术日益受到人们的青睐。

(6)施工进度计划的检查与调整。当施工进度计划初始方案编制好后,需要对其进行检查与调整,以便使进度计划更加合理,进度计划检查的主要内容包括:

①各工作项目的施工顺序、平行搭接和技术间歇是否合理;

②总工期是否满足合同规定;

③主要工种的工人是否能满足连续、均衡施工的要求;

④主要机具、材料等的利用是否均衡和充分。

在上述四个方面中,首要的是前两方面的检查,如果不满足要求,必须进行调整,如增加或缩短某施工过程的持续时间,调整施工方法或施工技术组织措施等。只有在前两个方面均达到要求的前提下,才能进行后两个方面的检查与调整。前者是解决可行与否的问题,而后者则是解决优化的问题。通过调整,在满足工期的条件下,最终达到使劳动力、材料、设备需要趋于平衡,主要施工机械利用合理的目的。

学习情境五 单位工程施工组织设计

(四) 单位工程施工进度计划表范本

单位工程施工进度计划表

工程名称：_____
施工单位：_____

分部分项工程名称	工程量	计划天数	施工进度 2	4	6	8	10	12	14	16	18	20	22	24	26	28	30	32	34	36	38	40	备注
放样钉设龙门板	/	1	—																				
机械开挖土方	2000m³	4	——	—																			
人工修整土方	/	2			—																		
浇灌垫层混凝土	20m³	1				—																	
分中放样弹线	/	1				—																	
柱基模板安装	450m²	3					—	—															
地网柱基钢筋安装	15t	2						—															
柱基础混凝土浇灌	530m³	3							—	—													
拆模板及再次分中	/	1								—													
短柱的模板安装	150m²	1									—												
浇灌短柱混凝土	12m³	1									—												
拆模及清理基底	/	1										—											
组织基础结构验收	/	1										—											
对基础混凝土养护	/	7											—	—	—								
基础土方回填夯实	1450m³	3														—	—						
地梁模板安装	430m³	3																—	—				
地梁钢筋安装	11t	2																		—			
地梁混凝土浇灌	23m³	1																			—		

工程负责：　　　　　　审核：　　　　　　制表：

二、任务实施

(一) 案例一

1. 背景

甲建筑公司作为工程总承包商，承接了某市冶金机械厂的施工任务，该项目由铸造车间、机加工车间、检测中心等多个工业建筑和办公楼等配套工程组成，经建设单位同意，车间等工业建筑由甲公司施工，将办公楼土建装修分包给乙建筑公司，为了确保按合同工期完成任务，甲公司和乙公司均编制了施工进度计划。

2. 问题

（1）甲、乙公司应当编制哪些施工进度计划？

（2）乙公司编制施工进度计划时的主要依据是什么？

（3）编制施工进度计划常用的表达形式是什么？

3. 分析

本案例主要考核施工进度计划的编制对象、依据和表达形式。

4. 答案

（1）甲公司应当编制施工总进度计划，对总承包工程有一个总体进度安排。对于自己施工的工业建筑和办公楼主体还应编制单位工程施工进度计划、分部分项工程进度计划和季度（月、旬或周）进度计划。乙公司承接办公楼装饰工程，应当在甲公司编制单位工程施工进度计划基础上编制分部分项工程进度计划和季度（月、旬或周）进度计划。

（2）乙公司编制施工进度计划时的主要依据有施工图纸和相关技术资料、合同确定的工期、施工方案、施工条件、施工定额、气象条件、施工总进度计划等。

（3）施工进度计划的常用表达形式有横道图和网络图。

（二）案例二

1. 背景

某装修公司承接一项5层办公楼的装饰装修施工任务，确定的施工顺序为：砌筑隔墙→室内抹灰→安装塑钢门窗→顶、墙涂料，分别由瓦工、抹灰工、木工和油工完成，工程量及产量定额见下表。油工最多安排12人，其余工种可按需要安排。考虑到工期要求、资源供应状况等因素，拟将每层分为3段组织等节奏流水施工，每段工程量相等，每天一班工作制。

某装饰装修工程的主要施工过程、工程量及产量定额

施工过程	工程量	产量定额
砌筑隔墙	600m³	1m³/工日
室内抹灰	11250m²	10m²/工日
安装塑钢门窗	3750m²	5m²/工日
顶、墙涂料	18000m²	20m²/工日

2. 问题

（1）计算各施工过程劳动量、每段劳动量。

（2）计算各施工过程每段施工天数。

（3）计算各工种施工应安排的工人人数。

3. 分析

本案例主要考核施工进度计划编制工程中的劳动量、工作持续时间的计算。其中：

$$劳动量 = \frac{工程量}{产量定额}$$

或

$$劳动量 = 工程量 \times 时间定额$$

$$工作持续时间 = \frac{劳动量}{工人人数 \times 每天工作班制}$$

4. 答案

（1）办公楼共 5 层，每层分 3 段，各段工程量相等，计算出各施工过程的劳动量后，除以 15 可得各段劳动量。如砌筑隔墙劳动量 = 600/1 = 600（工日），每段砌筑隔墙劳动量 = 600/15 = 40（工日/段）。

（2）各施工过程每段施工天数：因组织全等节拍流水施工，各段施工天数相同，考虑到油工人数的限制，按 12 人安排油工，可算出每段工作天数 = 60/12 = 5 天，其余施工过程施工天数均为 5 天。

（3）油工已经按 12 人安排，其余工种可根据相应施工过程每段劳动量和施工天数计算得出，如瓦工人数 = 40/5 = 8（人）。

计算结果见下表。

施工过程	工程量	产量定额	劳动量	每段劳动量	每段工作天数	工人人数
砌筑隔墙	600m^3	1m^3/工日	600 工日	40 工日	5	8
室内抹灰	11250m^2	10m^2/工日	1125 工日	75 工日	5	15
安装塑钢门窗	3750m^2	5m^2/工日	750 工日	50 工日	5	10
顶、墙涂料	18000m^2	20m^2/工日	900 工日	60 工日	5	12

三、学习效果评价反馈

（一）学生自评

根据对施工进度计划相关知识的学习，完成以下问题：

1. 施工进度计划的表示有哪几种方法？
2. 试述编制施工进度计划的程序。
3. 单位工程施工进度计划有什么作用？编制进度计划的依据有哪些？
4. 确定施工过程时需注意哪些问题？
5. 各工作持续时间和机械台班数是怎样确定的？
6. 进度计划调整的内容有哪些？

（二）学习小组评价

班级：_____ 姓名：_____ 学号：_____

学习内容	分值	评价内容	得分
基础知识	30	进度计划的分类；进度计划的编制程序和步骤；进度计划划分施工过程和计算工程量应注意的问题；综合时间定额、持续时间、机械台班数的计算；进度计划的优化调整	
应会技能	10	能掌握进度计划的编制程序	
	20	能掌握进度计划的编制步骤	
	10	能计算综合时间定额、持续时间、机械台班数	
	20	会编制施工进度计划	
学习态度	10		
合计	100		

学习小组组长签字：　　　　　　　　　　　　　　　　　　　　　　年　　月　　日

（三）任课教师评价

班级：_____ 姓名：_____ 学号：_____

评价内容	分值	简　评	得分	教师签字
准备工作情况	20			
课堂表现情况	30			
任务完成质量	30			
团结协作精神	20			
合计	100			
备注			年　月　日	

任务四　施工现场平面布置图的绘制

☞ **学习目标：**

1. 了解施工现场平面图的布置原则
2. 掌握施工现场平面布置图的编制内容
3. 掌握施工现场平面布置图的设计步骤

一、工作内容

单位工程是施工组织设计的重要内容。合理的施工平面布置有利于顺利执行施工进度计划，减少临时设施费用，节约土地和保证现场文明施工。

（一）施工现场平面图布置的原则

单位工程施工现场平面图是用以指导单位工程施工的现场平面布置图，应充分考虑各种环境因素及施工需要，布置时应遵循如下原则：

（1）现场平面随着工程施工进度进行布置和安排，阶段平面布置要与该时期的施工重点相适应。

（2）由于受场地的限制，在平面布置中应充分考虑施工机械设备、办公、道路、现场出入口、临时堆放场地等的优化合理布置。

（3）施工现场的材料及机械的运输应符合以下原则：

①现场所需所有材料及机械设备等物资由责任工程师负责，其定期收集各专业下阶段施工物资需求信息，并汇总报公司总部，公司将以最快速度组织相关人员准备，以最快速度运至施工现场。由材料员负责分类暂时存放。

②对于现场内的二次运输采用机械或人工搬运方式，由暂时存放场地根据各部位施工内容，由专门人员（初定由现场材料员）负责，统一调配并组织人员将材料等物资运送至操作地点。

（4）中小型机械的布置要处于安全环境中，要避开高空物体打击的范围。

（5）临时电源、电线敷设要避开人员流量大的楼梯、安全出口以及容易被坠落物体打击的范围，电线尽量采用架空、暗敷方式。

（6）应着重加强现场安全管理力度，严格按照有关安全要求进行管理。

（7）控制粉尘设施排污、废弃物处理及噪声设施的布置。

（8）充分利用现有的临建设施为施工所用，尽量减少不必要的临建投入。

（二）施工现场平面布置图的编制依据和内容

1. 施工现场平面布置图的编制依据

单位工程施工平面图设计依据主要包括：

①原始资料：自然条件、技术经济条件；

②建筑设计资料：施工组织总设计、施工图纸、现场地形图，一切已建和拟建的地上、地下管道布置资料，水源、电源情况等；

③施工资料：施工方案、进度计划、资源需要量计划、业主能提供的设施；

④技术资料：定额、规范、规程、规定等，如有关安全、消防、环境保护、市容卫生等方面的法律法规。

2. 施工现场平面布置图的内容

单位工程的施工方案和施工进度计划是绘制单位工程施工平面图的主要依据。单位工程施工现场平面图是施工总平面图的组成部分，一般按1：100～1：500的比例绘制。图5-3为某施工项目现场平面布置图。

从图5-3可以看出，一般施工现场平面布置图的主要内容如下：

（1）建筑平面图上已建和拟建的地上和地下一切建筑物，构筑物和管线的位置或

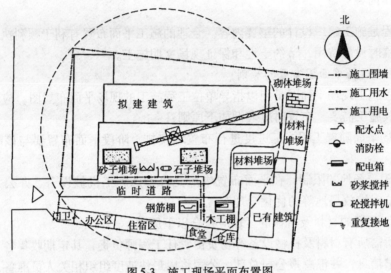

图 5-3 施工现场平面布置图

尺寸；

(2) 测量放线标桩、地形等高线和取舍土地点；

(3) 移动式起重机的开行路线及垂直运输设施的位置；

(4) 材料、加工半成品、构件和机具的堆场；

(5) 生产、生活用临时设施。如搅拌站、高压泵站、钢筋棚、木工棚、仓库、办公室、供水管、供电线路、消防设施、安全设施、道路以及其他需搭建或建造的设施；

(6) 一切安全及防火设施的位置；

(7) 必要的图例、比例尺、方向及风向标记。

上述内容可根据建筑总平面图、施工图、现场地形图、现有水源、场地大小、可利用的已有房屋和设施、施工组织总设计、施工方案、进度计划等，经科学的计算、优化，并遵照国家有关规定计算。

(三) 施工现场平面布置图的设计步骤

单位工程施工平面图的设计在绘制已有建筑物（构筑物）、道路和待建建筑物，确定施工现场区域，设置围墙等基础上进行，其步骤一般为：确定起重机械的位置→确定搅拌站、加工厂和材料、构件堆场的位置→布置运输道路→布置临时设施→设置图例、说明、指北针等→布置水、电线路→调整优化。

以上步骤除考虑在平面上布置是否合理外，还必须考虑其在空间条件是否合理，它们之间相互影响，特别要注意安全问题。

1. 确定起重机械的位置

起重运输机械包括塔吊（有轨式、固定式）、井架、龙门架及汽车起重机械等几种，其位置直接影响仓库、搅拌站、各种材料和构件等的位置及道路和水电线路的布置等，它是施工现场布置的核心，必须首先予以确认。

(1) 塔式起重机的布置。塔式起重机的平面位置主要取决于建筑物的平面形状和四周场地的条件。有轨式塔吊一般应在场地较宽的一侧设建筑物的长度方向布置,布置方法有单侧布置、双侧布置和跨内布置三种。固定式塔吊一般布置在建筑物中心或建筑物长边的中间,多个固定式塔吊布置时应保证其工作范围能覆盖整个施工区域。

布置塔式起重机时,还应考虑塔吊的服务半径、起吊高度(安全高度)和起吊重量(最远距离、最重构件),使起重臂在活动范围内能将材料和构件运至任何施工地点,避免出现死角。除此之外,还应考虑塔身与建筑物的安全距离,以便搭设脚手架与安全网。

(2) 井架的布置。井架的平面布置取决于建筑物的平面形状和大小、房屋的高低分界、施工段的划分以及四周场地大小等因素。当建筑物为长方形,层数、高度相同时,一般布置在施工段的分界处,靠现场较宽的一面,以便在井架附近堆放材料和构件,达到缩短运距的目的。井架与建筑物的外墙的距离由屋面檐口挑出尺寸或双排外脚手架搭设的要求决定。

(3) 自行式起重机。对汽车式和履带式起重机等,一般只要考虑其行驶路线即可。行驶路线根据吊装顺序、堆放场地、构件重量、吊装方法及建筑物的平面形状和高度等因素确定。

2. 确定搅拌站、加工厂和材料、构件堆场的位置

(1) 搅拌站的布置。在选择施工方案时,一般单位工程均需要确定是否设置混凝土和砂浆搅拌站以及搅拌机的型号、规格和数量等。搅拌站的布置要求如下:

①搅拌站应尽可能布置在垂直运输附近,以减少混凝土及砂浆的水平运距;

②搅拌站应设置在施工道路近旁,使小车、翻斗车运输方便;

③搅拌站的场地四周应设置排水沟,以有利于清洗机械和排除污水,避免造成场地积水;

④搅拌站应有后台上料的场地,尤其是混凝土搅拌机,要与沙石堆场、水泥库一起考虑布置,既要互相靠近,又要便于这些大宗材料的运输和装卸;

⑤混凝土冬季施工还应考虑周围与供热设施等,相应增加其面积。

(2) 加工厂的布置。加工厂一般包括:混凝土搅拌站、构件预制厂、钢筋加工厂、木材加工厂、金属结构加工厂等,布置这些加工厂时主要考虑材料和构件运往需要地点的总运输费用最小,且有关联的加工厂应适当集中,避免互相干扰。其建筑面积可按下式计算:

$$F = \frac{KQ}{TS\alpha}$$

式中:F——所需建筑面积(m^2);

K——不均衡系数,取 1.3~1.5;

Q——加工总量;

α——场地或建筑面积利用系数,取 0.6~0.7。

S——每平方米场地月平均加工量定额;

T——加工总时间(月)。

(3) 仓库与材料堆场的布置。仓库和材料堆场应设置在运输方便、位置适中、运距较短并且安全防火的地方,并应区别不同材料、设备和运输方式来设置。仓库和堆场的布置及材料储存量和仓库面积应考虑下列因素:

①尽量利用永久性仓库,节约成本。

②仓库和堆场位置距使用地尽量接近,减少二次搬运。

③当有铁路时，尽量布置在铁路线旁边，并且留够装卸前线，而且应设在靠工地一侧，避免内部运输跨越铁路。

④根据材料用途就近在加工厂附近设置仓库和堆场。

⑤建筑群的材料储备量按下式计算：

$$q_1 = K_1 \times Q_1$$

式中：q_1——总储备量；

Q_1——该项材料的最高年、季需要量；

K_1——储备系数，型钢、木材、用量小或不常使用的材料取 $0.3 \sim 0.4$，用量多的木材取 $0.2 \sim 0.3$。

⑥单位工程材料储存量按下式计算：

$$q_2 = \frac{nQ_2}{T}$$

式中：q_2——单位工程材料储备量；

Q_2——该项材料的最高年、季需用的材料数量；

n——储备天数；

T——需用该材料的施工天数（大于 n）。

3. 布置运输道路

根据各加工厂、仓库及各施工对象的相对位置，按材料和构件运输的需要，对货物周转运行图进行反复研究，区分主要道路和次要道路，进行道路的整体规划，以保证运输畅通，车辆行驶安全，造价低。在内部运输道路布置时应考虑：

（1）尽量利用拟建的永久性道路。将它们提前修建，或先修路基，铺设简易路面，项目完成后再铺路面。

（2）保证运输畅通。道路应设两个以上的进出口，避免与铁路交叉，一般厂内主干道应设成环形，其主干道应为双车道，宽度不小于6m；次要道路为单车道，宽度不小于3m；消防要求的道路宽度不小于3.5m。

（3）合理规划拟建道路与地下管网的施工顺序。在修建拟建永久性道路时，应考虑路下的地下管网，避免将来重复开挖，尽量做到一次性到位，节约投资。

4. 布置临时设施

现场生活和生产用的临时设施应按施工平面布置图的要求进行布设，临时建筑平面图及主要房屋结构图都应报请城市规划、市政、消防、交通、环境保护等有关部门审查批准。

为了施工方便和行人的安全及文明施工，应用围墙将施工用地围护起来，围墙的形式、材料和高度应符合市容管理的有关规定和要求，并在主要出入口设置标牌挂图，标明工程项目名称、施工单位、项目负责人等。

工地临时生活设施包括办公室、汽车库、职工休息室、开水房、食堂和浴室等，其所需面积应根据工地施工人数进行计算，布置时应考虑以下因素：

（1）面积根据进度计划中高峰期人数及面积定额确定；

（2）生产性、生活性适当分开，使用方便、不妨碍施工；

（3）职工住房应布置在工地以外的生活区，一般距工地 $500 \sim 1000 m$ 为宜，符合安全防火要求。

5. 布置水、电线路

临时性水电管网布置时的一般要求有：

(1) 尽量利用可用的水源、电源；
(2) 一般排水干管和输电线沿主干道布置；
(3) 水池、水塔等储水设施应设在地势较高处；
(4) 总变电站应设在高压电入口处；
(5) 消防站应布置在工地出入口附近，消防栓沿道路布置，过冬的管网要采取保温措施。

二、任务实施

能根据不同的施工现场平面布置图来分析其编制的内容。如图5-4所示，分析其主要内容。

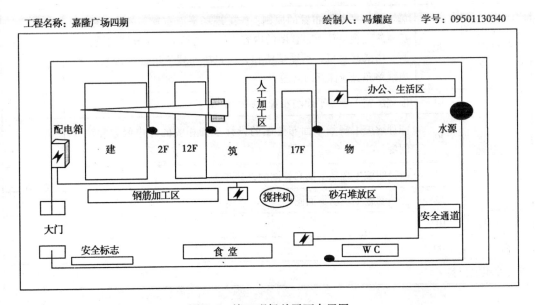

图5-4 施工现场总平面布置图

分析：以上为某同学绘制的嘉隆广场四期的施工现场总平面图，主要内容有：

(1) 建筑平面图上已建和拟建的地上和地下一切建筑物；
(2) 楼层标向；
(3) 材料、加工半成品、构件和机具的堆场，如砖石堆放区；
(4) 生产、生活用临时设施，如钢筋加工区、办公生活区室、供水管、食堂、配电箱、安全设施、安全通道以及其他需搭建或建造的设施；
(5) 一切安全及防火设施的位置。

三、学习效果评价反馈

（一）学生自评

根据对施工现场平面图的相关知识，完成下列问题：

(1) 施工现场平面图布置的原则有哪些？
(2) 施工现场平面布置图的编制依据有哪些？
(3) 编制施工现场平面布置图的内容有哪些？
(4) 施工现场平面布置图的设计步骤是什么？
(5) 塔式起重机布置应考虑的因素有哪些？
(6) 布置运输道路和临时设施应考虑的因素有哪些？
(7) 布置水、电线路应注意的问题有哪些？
(8) 工地临时设施的设置应考虑哪些因素？

（二）学习小组评价

班级：_____ 姓名：_____ 学号：_____

学习内容	分值	评价内容	得分
基础知识	30	施工现场平面图布置的原则；施工现场平面布置图的编制依据；编制施工现场平面布置图的内容；施工现场平面布置图的设计步骤；塔式起重机、运输道路和临时设施布置应考虑的因素；水、电线路布置应注意的问题	
应会技能	10	能理解施工现场平面图布置的原则和依据	
	20	能理解施工现场平面布置图的设计步骤相关的考虑因素和注意问题	
	10	能说明施工现场平面布置图的设计步骤	
	20	会编制施工现场平面图	
学习态度	10		
合计	100		

学习小组组长签字：　　　　　　　　　　　　　　　　　　　年　　月　　日

（三）任课教师评价

班级：_____ 姓名：_____ 学号：_____

评价内容	分值	简　评	得分	教师签字
准备工作情况	20			
课堂表现情况	30			
任务完成质量	30			
团结协作精神	20			
合计	100			
备注			年　月　日	

学习情境六　工程项目管理沙盘实训

☞ **学习目标：**
1. 建立对于整个项目管理流程的系统认识；
2. 体验项目管理过程中的各个岗位角色及岗位职责；
3. 了解项目管理相关知识的实践运用。

工程项目管理沙盘课程（Project Management Simulation Training，PMST），是基于工程施工单位视角考虑工程施工项目从工程中标开始直至工程竣工结束的全过程管理，学生将围绕工程施工进度计划编制、业务操作、资源合理利用等核心问题开展实践活动；活动过程控制及结果分析由专门的软件程序协助完成。

PMST课程教学旨在实现在校大学生入职前零距离感受施工企业实际的工程项目管理运作过程。在规定的时间内，在同一间教室里，学生将模拟5个不同岗位角色，组建若干个工程项目管理团队，在紧张激烈的竞争氛围中，完成模拟的工程施工项目管理过程，体验施工企业对项目管理的过程，挖掘工程施工项目管理的本质；并且在专门的沙盘分析软件协助下，老师通过对学生实践活动过程的引导和点评，去强化学生对理论知识的理解与应用能力，提升学生在管理层面上的综合素质。

一、课程实训的性质

工程项目管理沙盘模拟实训是工程管理专业的一门综合性强的专业实践课，是贯彻"工程管理专业的学生在校期间就通过多种途径增强实践能力"教学理念的具体表现之一，是强化学生动手能力的有力途径，是突出应用型人才培养特色的一门课程。

二、课程实训的目的

工程项目管理沙盘模拟实训是在学生学完"施工组织"、"工程项目管理"等理论课程后通过直观的工程项目管理沙盘模拟施工企业对具体工程项目从中标后直至竣工的全过程施工管理，对于激发学生的学习兴趣、增强动手能力、强化团队合作意识、积累一定的工程经验起到积极的作用；有利于学生就业竞争力的培养与提升。

该课程的主要目的是：

（1）强化项目负责制的概念，培养团队精神以及灵活的过程管理实践，为今后的工程实践打下有利的基础条件；

（2）培养学生综合运用相关专业课程所学知识解决实际问题的能力；

（3）通过实训，使学生熟悉建筑工程项目管理的全过程主要工作内容，培养"争创一流"的企业管理理念。

三、课程实训的内容

通过一周的实训模拟，主要让学生体验"凯旋门工程"和"世纪大桥工程"两个模拟项目的工程管理过程。

四、课程实训的组织

（一）时间安排

该实训为期一周，在沙盘实验室集中完成，具体安排见下表。

时间安排

序号	时间	实训内容
1	第一天	沙盘课程导入，介绍沙盘课程背景、规则以及流程；学生进行团队组建工程1施工管理，老师带领学生完成一个简单工程项目的第一个月沙盘操作
2	第二天	工程1施工管理，学生自行完成工程1剩余工作
3	第三天	工程2施工管理（一）——赢在策划
4	第四天	工程2施工管理（二）——熟练执行
5	第五天	实训总结与评比

（二）指导教师

（三）学生组织与实训要求

学生共一个班，分成六个大组，每组人员角色模拟分别为：项目经理、生产经理、经营经理、采购经理、财务经理；项目经理兼任组长，负责本团队成员的考勤工作。

实训正式开始前，指导教师应向学生讲明如下几点：

（1）沙盘实训课程的目的意义；
（2）沙盘实训课程内容及时间安排；
（3）对学生的要求；
（4）有关考核与成绩评定的办法。

五、实训成绩考核与评定

实训成绩由指导教师根据团队成员的实训表现、实训成果、实训总结（体会）等方面按两级计分制（合格、不合格）予以评定，单独记入学生成绩册。

（一）考核标准

项目	合格	不合格
实训表现	态度端正，遵守纪律，出勤良好	有较严重的违纪行为或出勤时间不足1/2
实训成果	步骤完整正确、净利润大、团队协调性好	步骤不完整或不按要求开展模拟实训
实训总结（体会）	内容真实，有感而发，500字以上	内容空洞，无真情实感，不足500字

（二）考核办法

实训结束后，各小组将实习成果交给指导教师。指导教师根据考核标准逐项考核，考核内容均合格则实习成绩评定为合格；有一项不合格，则实训成绩评定为不合格。

（三）实训总结（体会）

沙盘模拟实训总结主要是对个人本次实训的全面总结（属于个人综合总结），字数500字以上，一般可按以下内容与格式来写：

（1）基本情况。对实训过程的概括介绍与说明，对实训收获与成绩的总体评价。这部分要求写得简明扼要，高度概括，突出要点，100字左右。

（2）认识与收获。主要是对实训的认识与收获的具体阐述，可以分为若干个方面或层次来写。写认识与收获时，不仅要写出有什么样的认识与收获，还应具体地说明这些认识与收获是通过哪些具体的实训过程而获得的，做到观点与材料相统一，既有观点，又有材料，观点统帅材料，材料说明观点，要求300~500字。

（3）问题与不足。实训总结以肯定成绩为主，但对实训中存在的不足和今后应注意的问题也要实事求是地指出，以利于下一阶段的学习、实习和工作，要求100字左右。

（4）展望。这是实训总结的结尾部分，在进一步肯定成绩、明确方向的同时，针对存在的问题提出改进办法。100字左右。这一部分内容也可以与"问题与不足"合并为一个部分来写。

工程项目管理沙盘课程实训总结

姓　名		班　级		学　号		成　绩	
指导教师		实习日期		年　　月　　日至　　年　　月　　日			

参 考 文 献

[1] 侯洪涛,南振江. 建筑施工组织. 北京:人民交通出版社,2007.
[2] 刘金昌,李忠富,杨晓林. 建筑施工组织与现代管理. 北京:中国建筑工业出版社,1996.
[3] 蔡雪峰. 建筑工程施工组织管理. 北京:高等教育出版社,2002.
[4] 余群舟. 刘元珍. 建筑工程施工组织与管理. 北京:北京大学出版社,2006.
[5] 郭庆阳. 建筑施工组织. 北京:中国电力出版社,2007.
[6] 危道军. 建筑施工组织. 第二版. 北京:中国建筑工业出版社,2008.
[7] 丛培经. 施工项目管理概论. 修订版. 北京:中国建筑工业出版社,2001.
[8] 高峰,贾玉辉. 公路施工组织. 北京:人民交通出版社,2011.
[9] 南振江. 建筑施工组织与管理实务. 北京:中国建筑工业出版社,2010.